청소년을 위한 통계 이야기

통계랑 내 인생이
무슨 상관이라고

청소년을 위한 통계 이야기

통계랑 내 인생이 무슨 상관 이라고

글 김영진 · 그림 송진욱

머리말 통계가 그렇게 중요해?

아들의 책상 위에 놓인 데스크패드에 연필 글씨로 이렇게 쓰여져 있었습니다.

'통계, 이게 뭐가 그리 중요해?'

왜 이런 글을 썼을까. 그동안 통계 관련해서 학생들에게 여러 가지 얘기를 해왔지만 아들은 그런 나에게 날카롭게 한마디 던진 셈입니다.

문득 나도 궁금해졌습니다. 통계가 과연 중요한 걸까?

그러고 보니 대학 시절 이런 생각을 한 적이 있습니다.

'통계학이 이 한 권의 소설보다 더 많은 삶의 의미를 가질 수 있을까?'

그 당시에 나는 도서관에서 통계학 책 위에 소설책을 얹어 놓고 읽고는 했습니다. 소설 한 문장을 읽을 때마다 작가와 마주 앉아 이런저런 얘기를 주고받는 느낌이었습니다. 그에 비해 통계학 책에 쓰여진 수식은 콘크리트 벽을 마주하고 있는 듯했습니다.

그렇게 대학 생활 6년을 보내고 사회에 첫발을 내디뎠을 때 통계를 다시 접하게 되었습니다.

'어, 뭐야? 통계가 사회에서 이렇게 사용되는구나. 이럴 줄 알았으면 통계 공부 좀 열심히 해 둘걸.'

사회에서 접한 통계는 달랐습니다. 그 일이 왜 일어나는지 원인을 파악하거나 어떤 판단을 내릴 때 통계가 유용하게 활용된다는 것을 알 았습니다. 별로 재미없는 학문이라 생각했던 통계가 파면 팔수록 재미 있었습니다. 마치 단서를 찾아 사건을 해결하는 추리소설 같았습니다. 왜냐하면 통계는 데이터를 직접 분석하고 그 안에서 어떤 의미를 도출 해 내는 작업이기 때문입니다. 데이터를 어떤 방향에서 접근하고 그것 을 어떻게 조리하는가에 따라 전혀 다른 결과를 얻을 수 있고 우리가 전혀 생각하지 못했던 사실을 알아낼 수 있습니다. 현재 여러분들이 접 하는 통계는 책을 보고 공식을 외우고 문제를 푸는 수준입니다. 마치 자동차를 운전하기 위해서 자동차 이론 시험을 보는 단계라고 할까요.

그러면 다시 이 질문을 해 봅니다.
'통계가 과연 다른 철학이나 과학, 사회, 경제, 음악, 미술과 같은 분야 보다 더 중요할까?'
먼저 나는 세상을 의미와 무의미로 나눌 수 있는지 묻고 싶습니다. 살 아가다 보면 불필요하게 보이던 일이 어느 순간 중요한 일로 다가오는 때가 있습니다. 최근 나에게 그렇게 다가온 것이 스케이트보드입니다. 예전에는 공원에서 스케이트보드를 타는 청소년을 보면 '저런 위험해 보이는 운동이 도대체 뭐가 재미있는지 모르겠다.'는 생각밖에 들지 않 았습니다. 그런데 2년 전 어린이날 선물로 아들에게 스케이트보드를 주고서 시험 삼아 나도 타 보게 되었습니다. 그러고는 새로운 세상이 펼쳐졌습니다. '어? 재미있는데! 생각했던 것과 다르구나.' 지금은 스케 이트보드가 가장 재미있는 운동이라며 주위 사람들에게 입에 침이 마르도록 말하고 다닌답니다.

세상의 다른 일도 이와 비슷하다고 생각합니다. 자기와 전혀 무관할 것 같았던 것이 어느 순간 자신에게 다가와 소중하고 관심 있는 영역이 됩니다. 그리고 그것을 잘하기 위해서 노력하게 됩니다.

그렇다면 대학생일 때 도서관에 앉아 소설을 읽고 쓰던 그 시간이 아무 의미 없는 시간이었을까요? 그렇지 않습니다. 그런 시간이 모여 지금 이 책을 쓸 수 있는지도 모르지요.

결국 통계가 중요하냐는 질문은 지금 나에게 통계가 아무런 의미도 없게 느껴질지 모르지만 나중에는 필요한 존재가 될 가능성이 얼마나 되는가 생각해 보는 것이 적합해 보입니다.

여러분들은 지금 책이나 문제집에서 통계를 접하지만 인생 어느 중요한 시점에서 통계와 만날 가능성은 매우 높습니다. 그것도 아주 빠른 시간 안에요. 어떻게 확신 있게 얘기할 수 있냐고요? 그 답이 이 책의 내용입니다.

이 책을 통해 통계가 무엇이고 여러분이 사회에 진출한 후 중요한 시점에 왜 다시 만날 가능성이 높은가에 대해서 풀어보고자 합니다. 이런 사실에 대해 알려드리고 싶은 이유는 제가 사회에 나와서 통계가 어떻게 사용되는지 경험하고 나서야 통계를 이해할 수 있었기 때문입니다. 여러분들이 이 책을 통해 통계가 왜 필요하고 어떻게 쓰는지에 대해 꼭 알았으면 하는 바람입니다.

차례

1장

통계는
숫자로 표현하는
미술

본다는 것은 무엇일까

통계 이야기　보이지 않는 것을 볼 수 있을까

밤 12시, 오늘도 학원을 마치고 집에 가는 길이다. 늘 공부, 공부. 집, 학교, 학원. 과연 삶이란 무엇일까? 우리들의 삶은 늘 이렇게 고달픈 것일까? 하루하루 이런 생활이 쉽게 끝날 것 같지는 않다. 내가 너무 의지가 약해서 나만 이런 생각이 드는 걸까? 침대에 누우니 문득 예전에 할아버지가 주신 구슬이 생각났다.

"힘들 때 이 구슬을 깨트려 보거라."

할아버지는 이렇게 말씀하시며 붉은색, 파란색, 보라색의 구슬을 주셨다.

'구슬을 한번 깨트려 볼까? 지금이 가장 힘든 건 분명하니까.'

붉은 구슬을 책상 위에 올려놓고 망치로 내리쳤다. 그러자 방 안에 안개가 가득 쌓인 것처럼 하얀 빛 알갱이들이 떠다녔다. 빛 알갱이들 사이로 꽃 한 송이가 보였다. 오늘 아침 학교에 가다가 본 꽃이었다. 길가에 핀 꽃, 바삐 가다 그냥 지나칠 뻔했던 꽃, 나태주 시인이 '자세히 보아야, 오래 보아야 사랑스럽다'고 했던 그 풀꽃….

할아버지는 무슨 생각으로 이 구슬을 주신 걸까?

다음 날 아침 학교 가는 길에 길가에 핀 작은 꽃을 다시 보았다. 보도
블록 사이를 비집고 나와 핀 꽃은 무척이나 대견해 보였다. 왜 이런 땅
에 저렇게 악착같이 뿌리를 내리고 살려고 하는 걸까. 이렇게 자세히
살펴보니 그 꽃의 존재가 다르게 다가왔다.

그날 밤 나는 파란 구슬을 책상 위에 올려놓고 망치로 내리쳤다. 그러
자 방 안 가득 하얀 빛 알갱이들이 떠다녔다. 이번에는 빛 알갱이들 사
이로 초콜릿이 보였다. 포장지를 벗기니 그 안에 황금빛 초대장이 한
장 들어 있었다.

"윌리 웡카의 초콜릿 공장으로 당신을 초대합니다."

'찰리와 초콜릿 공장'이라는 영화에 나온 공장…. 꿈결처럼 찾아간 윌
리 웡카의 초콜릿 공장은 놀이동산 같았다. 나는 초콜릿을 녹인 수영
장에서 헤엄도 치고 초콜릿으로 커다란 눈사람도 만들었다. 또 우파
룸파족과 즐겁게 춤도 추었다.

다음 날 가게로 가서 나는 초콜릿을 하나 샀다. 초콜릿 한 조각을 입
에 물고 우파룸파족이 부르던 괴상한 노래를 흥얼거렸다. 나도 어른이
되면 웡카처럼 꼭 재미있는 초콜릿 공장을 만들어 보리라 다짐하면서.

그날 밤 보라색 구슬을 책상 위에 올려놓고 망치로 내리쳤다. 하얀 빛
알갱이들 사이로 이번에는 고흐가 보던 아름다운 밤하늘이 보였다.

학원 버스를 타고 오면서 늘 보던 밤하늘이었는데, 이런 아름다운 모
습이었다니 너무 놀라웠다. 내가 늘 보던 하늘은 컴컴하고 아무것도

빈센트 반 고흐의 「별이 빛나는 밤」

볼 것이 없었다. 하지만 어떤 사람은
똑같은 하늘을 보고도 이런 아름다
운 모습을 그려 냈다.

'아! 할아버지는 내게 이것을 알려 주고
싶었던 거구나.'
할아버지는 세상에 많은 이야기들이 숨어 있
다는 사실을 알려 주고 싶었던 것이다. 왜 나
는 길가에 핀 풀꽃과, 초콜릿에 담긴 흥미로운
이야기와, 밤하늘의 아름다움을 그동안 모르
고 살았던 것일까.

　　우리는 매일 많은 것을 보고, 맛보고, 듣고, 냄새 맡고, 만지
며 살고 있습니다. 하지만 사람의 감각기관은 다른 동물들에 비하여
열등하기 그지없습니다. 빠르게 달리지도 못하고, 멀리 보지도 못하
며, 날카로운 이빨이나 발톱도 없죠. 이러한 인류가 살아남은 방법은
주변 자연물을 잘 이용한 덕분이라고 할 수 있지요. 인류는 돌을 용
도에 맞춰 다듬어 사용했고, 불을 이용하고, 사냥하는 대신 식물과
가축을 길러서 안정적으로 식량을 확보하는 방법을 터득했습니다.
　　사람의 감각 중에 시각은 뇌 활동의 70~80%를 차지할 정도
입니다. 그만큼 많이 의지하고 있는 감각입니다. 시각은 외부 물체의
크기나 형태, 밝기, 위치, 운동 등을 보는 감각이지요. 물론 사람의

시각도 일부 동물들에 비하면 그 능력이 떨어집니다. 뱀은 적외선을 감지할 수 있고, 타조는 4킬로미터나 떨어진 곳도 볼 수 있다고 하니까요. 하지만 사람은 현미경이나 망원경을 만들어 더 작은 세계나 멀리 있는 사물을 볼 수 있습니다. 무엇보다 중요한 것은, 사람은 눈에 보이는 것 외에 또 다른 것을 보는 능력을 가지고 있다는 것입니다.

먼저 그림 하나를 볼까요? 고흐의 「구두」라는 그림입니다. 낡은 구두 한 켤레가 보일 겁니다. 구두의 형태나 색깔, 촉감까지 느낄 수가 있지요. 그런데 우리는 또 다른 것을 볼 수가 있습니다. 이 구두를 보며 구두 주인의 삶을 그려 볼 수 있는 것이지요. 구두 주인은 아마도 농부이거나 거친 노동을 하는 사람일 것입니다. 집으로 돌아와 지친 몸을 쉬기 위해 서둘러 구두를 벗어던진 것처럼 보입니다.

이 그림을 보고 철학자 하이데거는 이렇게 말했습니다.

"이 구두의 어두운 구멍에는 들일을 하러 나선 이의 고통이 도사리고 있고, 구두의 실팍한 무게에는 거친 바람 속에서 밭고랑을 걸으며 쌓인 강인함이 실려 있고, 구두 가죽 위에는 대지의 습기와 풍요로움이 깃들어 있다."

하이데거는 이 그림을 통해서 농부의 고단한 노동과 강인함, 대지의 풍요로움을 얘기했습니다. 그림을 통해 사물 자체와 그 본질을 보여 주고 있다는 것입니다. 구두라는 사물의 모습과 함께 구두의 본질, 즉 신고 다니는 사람의 모습까지 보여 주고 있는 것이죠.

이렇듯 우리는 시각을 통해 사물의 형태나 색을 파악하지만 그 사물의 본질도 파악합니다. 미술에 관한 말 중에 내가 가장 좋아

빈센트 반 고흐의 「구두」

하는 말이 있습니다. 바로 "보이지 않는 것을 볼 수 있게 한다."는 말입니다.

이 말을 좋아하는 이유는 통계도 비슷하기 때문입니다. 통계는 어떤 현상을 종합적으로 한눈에 알아보기 쉽게 일정한 체계에 따라 숫자로 나타내는 것을 말합니다. 많은 화가들이 그림을 통하여 우리가 보지 못하는 많은 것을 보여 주듯이 통계도 숫자를 통해 우리가 알고자 하는 것을 보여 주고, 보지 못한 것을 보여 주는 역할을 하고 있습니다.

숫자로 빼곡한 통계 데이터를 생각만 해도 머리가 아프다고요? 하지만 이 숫자들은 미래를 예측하는 데 결정적인 역할을 합니다. 다른 사람들을 설득할 때 중요한 역할을 하기도 하고, 거창하게는 세상을 바꾸기도 합니다. 이제 이 숫자들이 어떤 그림을 그리고 어떤 마술을 펼치는지 여러분과 차근차근 살펴보려고 합니다.

우리가 궁금한 것

통계 이야기 남들이 하니까 나도 따라한다

2060년, 인류는 첨단 유전공학 기술을 활용하여 포유류인 레밍의 지능을 높이는 실험을 했다. 멸종 위기에 처한 레밍이 절벽에서 모두 바다로 뛰어내려 자살하는 것을 막기 위해서였다. 마침내 레밍은 인간과 같은 지능을 갖게 되었고 인간과 동등한 대우를 주장하게 되었다. 뒤늦게 인류는 동물들의 지능을 높이는 실험을 중단하였지만 뛰어난 번식력을 가진 레밍이 인간을 이기고 지구를 지배하게 되었다.

레밍은 인간들이 완성해 놓은 인공지능 기술을 습득해 인공지능을 갖춘 레밍 로봇을 만들었다. 하지만 인공지능을 갖게 된 레밍 로봇은 지구를 차지하기 위해 또다시 레밍과 전쟁을 벌였다. 레밍 로봇은 레밍의 지도자인 '존 코너'를 제거하기 위해 S-16 터미네이터를 2060년인 과거로 보냈다.

과거로 온 S-16은 존 코너 레밍을 찾기 위해 학교로 갔다. 그리고 운동장 한구석에서 놀고 있는 레밍 아이들에게 다가가 물었다.

"존 코너에 대해 알고 있니?"

레밍 아이들은 S-16를 이리저리 살펴보았다.

"어? 얘, 뭐야? 이상한 옷을 입었는데, 우리 학교 애야?"

"너희들, 존 코너 몰라?"

"저리 가. 우린 다른 그룹 애들하고는 안 놀아."

레밍 아이들은 S-16를 무시했다. 다른 학교에도 찾아가 보았지만 상황은 똑같았다. 미래의 옷을 입은 S-16의 모습이 어딘가 많이 이상해 보였기 때문이다. 결국 S-16은 레밍 아이들이 입은 옷과 똑같은 옷을 구입해서 입고 다시 학교로 찾아갔다.

"너희들, 존 코너에 대해서 아니?"

"어? 새로 전학 왔니? 옷 멋진데! 우리 그룹에 들어올래?"

"그것보다 존 코너 몰라?"

"존 코너? 그런 게임도 있어? 그보다 지금 난리 난 게임이 있어. 그거 사러 가는데 같이 가자. 우리 반 아이들은 그 게임 다 샀어."

"어… 난… 존 코너를 찾아야 하는데…"

S-16은 자신의 임무를 생각했지만 우선은 아이들을 따라가 보기로 했다.

"좋아. 게임기 산 후에 존 코너가 어디 있는지 알려 줘. 사실 내가 게임 세계는 꽉 잡고 있지."

인공지능을 갖춘 S-16은 게임에서 천재적인 실력을 발휘했다. S-16은 학교에서 최고로 인기 있는 레밍이 되었다. 그가 게임을 하면 학생들이 우르르 몰려와서 구경을 했다. 어느새 S-16은 존 코너라는 이름을 까맣게 잊어버렸다. 레밍들의 찬사 속에 게임을 하는 게 너무 행복했기 때문이었다. 결국 S-16은 프로게이머가 되어 모든 레밍의 우상이 되었고, 존 코너는 S-16으로부터 안전할 수 있었다.

'레밍 효과'라는 말이 있습니다. 레밍은 스칸디나 반도에 사는 들쥐인데, 3~4년마다 개체수가 크게 증가하여 다른 땅을 찾아 이동을 한다고 합니다. 그런데 이동하던 중 해안 절벽에 도달했을 때 한 마리가 바다에 뛰어들면 나머지 다른 레밍들도 따라서 바다에 뛰어듭니다. 이렇게 비판적 의식 없이 남들을 무조건 따라 하는 것을 '레밍 효과'라고 합니다.

이렇게 무리 지어 행동하는 동물들은 많습니다. 겨울이면 우

노르웨이 레밍

리나라를 찾아오는 철새 떼를 볼 수 있습니다. 이들은 왜 무리 지어 행동할까요? 「동물의 왕국」을 보면 사자가 노리는 먹잇감은 무리에서 홀로 떨어진 동물인 경우가 많습니다. 동물들이 무리 지어 있으면 사자는 시각이 혼란스러워 쉽게 먹잇감을 고르지 못합니다. 그래서 초식동물은 무리 지어 다니면서 생존의 가능성을 높이는 것이죠.

사람들도 이렇게 무리를 지어 행동합니다. 우리는 저마다 개성이 뚜렷하고 다른 것 같지만 어떤 사건이나 상황에 처했을 때 개인의 판단보다는 남들이 하는 말이나 행동을 보고 따라 하는 경향이 높습니다. 군중 심리라는 말을 많이 들어 봤을 겁니다. 군중 심리란 한마디로 '다수를 따르는 게 나에게 득이 된다'는 어렴풋한 믿음을 말합니다. 타당한지 아닌지 복잡하게 생각할 것 없이 많은 사람들이 선택했다는 이유만으로 다수의 행동을 따르는 것입니다. 나의 생각이 어떤지 왜 그런지 생각하기보다는 다른 사람이 하니까 나도 따라 한다는 심리가 많이 작용합니다. 설령 나중에 그것이 잘못됐다고 밝혀져도 주변에 같은 것을 선택한 사람이 많으므로 자연히 서로 위안을 얻습니다. 이렇듯 우리는 개인의 판단으로 살고 있는 것 같지만 사실은 자신이 속한 집단의 영향을 무척이나 많이 받고 있는 것입니다.

현재 청소년인 여러분의 관심은 바로 '나'입니다. 나는 무엇을 좋아하고, 나의 성적이 어떻고, 내가 무엇이 되고 싶은지만 관심을 가지면 됩니다. 여러분이 사회에 나가면 어떤 질문을 받게 될까요?

영화를 예로 들어 설명해 보겠습니다.

학생 때 영화에 대해서 하는 질문들	• 내가 좋아하는 배우가 이 영화에 나오는데 나랑 같이 보러 가지 않을래? • 이번 주말에는 어떤 영화를 보러 갈까?
사회에 나가서 영화 전문가가 되었을 경우 하는 질문	• 사람들은 어떤 영화를 좋아할까? • 어떻게 이 영화를 보게 할까?

이처럼 사회로 진출하면 관심의 대상이 나에서 집단으로 변합니다. 왜 그럴까요? 학생일 때는 기초 지식들을 배우는 단계입니다. 사회에 나가면 그동안 배운 지식들을 활용해서 다양한 문제들을 해결해 나가야 합니다. 그 문제들은 대부분 어떤 집단에 관련된 것들입니다. 우리 인간은 사회적 관계를 맺고 살아가는 존재이기 때문입니다.

　　그렇기 때문에 많은 기업들이 사람의 마음을 읽기 위해 엄청난 노력을 기울이고 있습니다. 고객들이 언제 어떤 물건을 원하는지를 알면 그 기업은 절대 망하지 않습니다. 여러분에게 필요한 것은 사람들의 생각, 즉 많은 사람들이 원하는 것을 볼 수 있는 눈입니다. 통계가 중요한 이유는 바로 집단의 속성이나 패턴, 욕구 등을 읽게 해 주는 도구이기 때문입니다.

　　여러분과 좀 더 가까운 예를 들어 볼까요? 현재 여러분이 열심히 공부하는 것을 남들이 어떻게 알까요? 바로 시험을 통해서 여러분이 얼마나 기초 지식을 이해하고 있는지 파악합니다. 대학에서 신입생을 선택하는 기준도 시험입니다. 수능 시험과 대학 입시 제도에서도 통계가 널리 사용됩니다. 물수능, 불수능의 기준이 되는 난이도를 비롯해 점수별, 지역별, 대학별 통계도 있지요. 이렇게 통계를 활용하는 이유는 많은 학생들이 원하는 대학과 학과가 편중되는 경향이 높기 때문입니다. 학생들도 물론 자신이 갈 수 있는 대학과 학과를 선택하기 위해 자신도 모르게 통계를 활용하는 경우가 많지요.

　　여러분이 나중에 직장 생활을 하거나 사업을 할 때에도 통계는 필요합니다. 예를 들어 여러분이 회사를 설립하고 어떤 상품을 기획할 경우, 이 상품을 만들기 위해서는 투자자들에게서 자본을 이끌어 내야 합니다. 사람들이 어떻게 당신을 믿고 집에 있는 돈을 가져와 여러분의 사업에 투자할까요? 만약 회사원이라면 대표나, 상사가 여러분의 기획안에 대해서 인정을 해야 할 것입니다. 어떻게 하면 그들이 두말없이 여러분의 생각에 박수를 보낼까요? 학교에 다닐 때는 시험을 통해서 자신의 능력을 증명한다면 사회에 나가서는 다른 사람들을 설득해야 자신의 능력을 인정받을 수 있습니다.

설득을 하기 위해 가장 중요한 것은 주장에 대한 근거입니다. 설득을 당했다는 말은 상대방이 제시한 근거가 타당하다고 인정했다는 말이기 때문입니다. 신문을 펼쳐 봅시다. 기사들을 읽어 보면 많은 글들이 통계를 근거로 얘기하는 것을 알 수 있습니다. 통계는 과학적으로 그 현상을 가장 합리적으로 설명할 수 있는 방법입니다. 이제 여러분은 막연한 주장으로는 누구도 설득할 수 없다는 사실을 꼭 기억하길 바랍니다.

그러면 왜 통계가 과학적으로 그 현상을 가장 합리적으로 설명하는 방법일까요? 이 책을 다 읽고 나면 그 해답을 여러분도 찾을 수 있을 것입니다. 통계 포스터를 통해서 이러한 연습을 할 수도 있습니다.

통계 포스터 만들기

통계 포스터란 통계적 문제 해결 절차에 따라 문제의 해답을 찾고 이를 시각적으로 보여 주는 자료입니다. 궁금한 것이 있다면 통계 포스터를 통해서 해결해 봅시다. 통계 포스터를 만드는 과정은 다음과 같습니다.

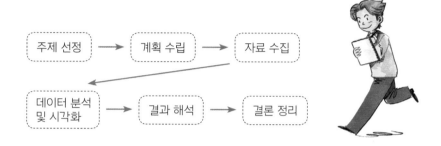

다른 학생들은 어떤 것을 궁금해하고 있을까요? 통계교육원에서 진행한 2017년 전국학생통계활용대회 수상 작품들의 주제를 먼저 살펴봅시다.

- 미세먼지로부터 학생들의 건강을 지키자
- 자기 전 핸드폰 사용과 수면과의 상관관계
- 용돈 받는 주기에 따라 사용 패턴이 달라질까
- FIFA 올해의 최우수 축구선수 예측
- 중학생들의 혼밥실태
- 죄수의 딜레마로 사람의 심리를 알아보자
- 취미생활이 고등학생에게 미치는 영향
- 걸그룹 히트곡에 대한 통계적 분석

- MLB 타자들의 성적과 FA와의 관계
- 음악의 종류가 학생들의 학습과 암기력에 어떻게 영향을 미치는가

　　이런 궁금증들을 통계 포스터를 활용하여 해결하는 연습을 할 수 있습니다. 2017년 전국학생통계활용대회에서 수상한 통계 포스터입니다. 여러분도 흥미로운 주제를 뽑고, 참신하고 설득력 있는 통계 포스터를 한번 만들어 보세요.

2017년 초등학교 대상작	2017년 중학교 대상작	2017년 고등학교 대상작
365일 안전한 등하굣길 (이도초등학교 이현지, 고연주)	선호 받는 글씨체 (인천당하중학교 김중호, 정승훈)	카페인 중독보다 무서운 "카페인 우울증" (창원성민여자고등학교 공애리, 김언지, 장세현)

출처 : 통계교육원 전국학생통계활용대회(www.통계활용대회.kr)

03 통계를 통해 바라본 세상

통계 이야기 궁금한 것을 알아내는 방법

어느 날 제페토 할아버지가 피노키오에게 말했다.

"피노키오, 저기 하늘에 떠 있는 달을 보렴. 정말 아름답지 않니?"

"할아버지, 달에 토끼가 산다는데, 정말이에요?"

"글쎄다, 저기 달 속에 있는 그림자가 토끼 같기도 하고, 여우 같기도 하고, 직접 보기 전에 어떻게 알겠니?"

피노키오는 달까지 직접 가서 달에 토끼가 사는지 여우가 사는지 꼭 보고 싶었다. 궁금한 건 정말 못 참기 때문이다.

"할아버지, 할아버지는 목수니까 달까지 가는 긴 사다리를 만들어 주세요. 달까지 가서 제가 달에 누가 사는지 보고 올게요."

피노키오의 말에 제페토 할아버지는 난처한 표정을 지었다.

"도대체 얼마나 긴 사다리가 필요할까? 피노키오, 너는 지구와 달 사이의 거리를 아니?"

"물론이죠. 제가 모르는 게 어디 있어요?"

28

그때 피노키오의 코가 쑥 길어졌다. 거짓말을 한 것이다. 피노키오의 코를 본 제페토 할아버지는 좋은 생각이 떠올랐다.

"그렇지. 거짓말할 때마다 네 코가 얼마나 늘어나는지 측정을 하는 거야. 네 코가 달에 닿을 때까지 계속 거짓말을 하면 지구와 달의 거리를 알 수 있을 거야."

"아, 정말 멋진 생각이에요. 할아버지는 정말 천재예요. 달까지 갈 수만 있다면 백 번 천 번 거짓말을 할 수 있어요."

그날부터 피노키오는 쉬지 않고 거짓말을 했다. 코가 쑥쑥 늘어나 달까지 닿을 때까지. 과연 피노키오의 코는 달에 닿을 수 있었을까?

인간은 호기심이 많아 주변에서 일어나는 일들에 대해 알고 싶어 합니다. 저 현상은 왜 일어날까? 미래에는 무슨 일이 벌어질까? 이런 궁금증을 해결하는 방법은 무엇일까요?

지구와 달의 거리를 알려면 어떻게 해야 할까요? 피노키오처럼 무한정 늘어나는 코가 있다면 거리를 잴 수 있을지 모릅니다. 여기서 궁금증을 해결하는 방법은 바로 측정입니다. 온도, 압력, 무게, 시간, 비트, 속도, 칼로리, 각도, 길이, 넓이 등은 우리가 일상생활에서 흔히 사용하는 측정 단위입니다. 측정은 어떤 단위에 숫자를 부여함으로써 의미를 부여하는 것입니다. 이런 측정을 통해 우리는 세상의 여러 현상을 이해하고 비교하고 그 의미를 설명할 수 있습니다.

통계 또한 궁금증을 해결하는 방법입니다. 통계의 종류에 따라서는 앞서 말한 여러 가지 측정 단위들이 사용되는 경우도 많지요. 이러한 측정 데이터들을 모아 커다란 그림을 그리고 세상의 여러 현상을 이해하고, 비교하고, 분석하고, 예측을 하기도 합니다.

예전에 인류는 세상을 신화, 종교, 주술적 행위를 통해 이해하려고 노력하였습니다. 15, 16세기 들어 과학이 발달하고 인쇄술이 발명되면서 지식의 전파가 용이해졌고, 나침반이 발명되면서 새로운 세계로의 여행이 가능해졌습니다. 또 망원경으로 멀리 떨어져 있던 세계에 대한 관찰도 가능해졌습니다.

이는 그동안 신화, 종교와 같이 관념이나 이론적으로 지식을 받아들였던 태도에서 직접 관찰하고 실험을 통해 올바른 지식을 알아내고자 하는 태도의 변화를 가져왔습니다. 갈릴레오는 "자연은 수학적 언어로 쓰여 있다."라고 말하며 실험과 관찰에 의한 지식을 얘기했습니다. 그리고 아리스토텔레스가 이론으로만 얘기했던 "낙하 속도는 무게에 비례한다."는 말을 갈릴레오는 직접 실험해 봄으로써 틀렸다는 것을 입증하기도 했습니다. 또 이러한 접근을 통하여 지구가 태양 주위를 돈다는 지동설을 주장할 수 있었습니다.

이런 과학적 사고의 틀을 세운 철학자는 프랜시스 베이컨이었습니다. 베이컨은 귀납법을 주장하였습니다. 귀납법이란 실험과 관찰을 통해 원리와 법칙을 발견하는 연구 방법입니다. 자연에 관한 모든 자료가 수집, 분류, 도표화된 다음에야 결론이 나오고 일반화

난,
똥인지
된장인지
먹어봐야 알아

를 이끌어 낼 수 있다고 본 것입니다.

즉 어떤 한 가지 문제에 대해 지식을 얻기 위해 무수한 경험적인 사실들을 수집하고 분류하여 새로운 사실을 예측하는 것입니다. 통계는 이러한 과정에서 탄생했습니다.

이렇게 통계는 과학적 발전과 함께하고 있습니다. 그 이유는 과학적 사고가 바로 귀납적 추론을 바탕으로 하고 있기 때문입니다. 과학에서 많이 사용되는 실험과 관찰은 자연스럽게 통계학을 발전시켰습니다. 그리고 통계가 가진 장점 때문에 현재 의학, 사회, 경제, 심리, 마케팅, 제조 등 거의 모든 분야에서 통계가 사용되기 시작했습니다.

프랜시스 베이컨

오늘날 통계가 우리 사회 각 분야에서 널리 사용되기까지 어떠한 발자취를 거쳐 왔는지 궁금하지요? 역사적으로 통계가 획기적으로 사용된 예들을 살펴보겠습니다.

과학적 관심을 통해 발전한 통계

18세기 과학은 천체에 대한 관심이 많았습니다. 천문학은 다양한 관측을 통해 이루어졌는데, 특히 달의 운동이나 목성과 토성의 운동, 지구의 형태에 관심이 많았습니다. 1801년에 천문학자 피아치(Piazzi)는 이탈리아 팔레르모 천문대에서 소행성 하나를 관측했습니다. 이 소행성을 세레스(Ceres)라고 명명하고, 41일 동안 22개의 관측 자료를 만들었습니다. 그러나 얼마 후 세레스는 시야에서 사라져서 더 이상 관측할 수 없게 되었고, 당시 과학자들은 세레스의 궤도를 계산하여 출현 위치를 먼저 알아내기 위해 서로 경쟁했습니다. 그중 가우스(Gauss)는 피아치가 남긴 22개의 관측 자료를 바탕으로 세레스의 위치를 예측했습니다. 바로 통계적 방법이었습니다.

프랜시스 골턴의 평균으로의 회귀

아빠와 엄마의 키의 평균이 170cm라면 자식의 키는 170cm가 넘을까요? 아니면 이보다 작을까요? 영국의 유전학자인 프랜시스 골턴(Francis Galton)도 이에 대해 궁금증을 가졌습니다. 그래서 골턴은 부모와 자식 간의 키를 조사했죠. 조사 결과 골턴은 키가 큰 부모의 아이들은 키가 컸지만, 부모만큼은 크지 않다는 것을 발견했습니다. 물론 예외는 있지만, 대부분의 사람들의 키는 일반적인 평균 신장에 맞춰진다는 것을 알아냈습니다. 즉, 아이의 키는 계속 커지거나 작아지는 것이 아니라 전체 키 평균에 맞춰지려는 경향이 있다는 걸 알아낸 것입니다.

골턴은 이렇게 사람의 키가 일반적인 평균으로 되돌아가는 경향이 있다는 사실을 알아내고 이를 '평균으로의 회귀'라고 불렀습니다. '회귀'란 본래의 자리로 다시 돌아온다는 뜻을 가지고 있거든요. 만약 아이들의 키가 평균으로 돌아가지 않으면 어떤 일이 벌어질까요. 키가 큰 사람들의 아이들은 점차 커지고 작은 사람의 아이들은 더 작아져서, 두 집단의 키 차이가 점점 더 벌어지는 일이 발생할 것입니다. 그리고 긴 시간이 지나면 거인과 난장이가 사는 세상이 올 것입니다. 자연은 이렇게 '평균으로의 회귀'를 통해 균형을 맞추어서 일정한 수준을 유지할 수 있습니다.

불공평해

존 스노와 콜레라

옛날에 가장 무서운 것은 전염병이었습니다. 콜레라는 1816년에 인도를 중심으로 중국과 동남아까지 확산되었습니다. 이후 1829년에 다시 콜레라가 유행했는데, 이때는 파리, 영국, 독일 등 유럽 전역을 휩쓸었습니다. 그후 잠시 주춤하다가 1853년부터 약 2년간 다시 유행하였습니다. 이때 콜레라는 프랑스에서 14만 명, 영국에서 2만 명의 생명을 앗아갔다고 합니다. 그 당시 사람들은 콜레라가 나쁜 공기나 구름에 의해 전염되는 것으로 생각했습니다. 그래서 오염된 물건을 멀리 떨어진 강에 버리고는 했습니다.

콜레라는 콜레라균에 의해 심한 설사를 하고 체액과 염분이 과다하게 손실되어 죽음에 이르는 질병입니다. 콜레라균은 대개 오염된 물이나 음식에 포함되어 입을 통해 체내로 들어와 소장을 덮은 점막에 감염을 일으킵니다. 환자의 물건을 강에 버리는 일이 얼마나 위험한 행동인지 그 당시에는 알지 못했습니다.

영국의 의사 존 스노는 콜레라 사망자 발생 장소를 지도상에

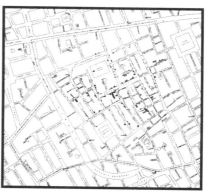

존 스노와 런던 소호의 콜레라 사망자 지도, 1854

표시해 보았습니다. 그 지도를 살펴보다가 콜레라 환자들과 사망자들이 모두 브로드가 40번지의 한 우물을 중심으로 발생한 것임을 알았습니다. 이렇게 콜레라가 물에 의해 전염된다는 것을 알아내, 질병의 진원지로 추정되는 우물을 폐쇄해 콜레라의 확산을 막았습니다.

또 물 공급 회사와 콜레라에 의한 사망자 수를 비교 분석함으로써 특정 업체에서 제공하는 물이 오염되었다는 연관 관계를 증명하였습니다. 특정 상수도 회사와 사망자 수가 매우 관계가 높다는 사실을 알아내고 이 회사의 취수원을 옮기도록 했습니다.

물 공급 회사	1851년 인구	콜레라에 의한 사망자 수	인구 1천 명당 콜레라에 의한 사망자 비율
서더크	167,654	844	5.0
램버스	19,133	18	0.9

통계로 바다의 길을 발견한 매슈 폰테인 모리

매슈 폰테인 모리는 바람과 해류를 조사해서 안전한 항해와 함께 항해 거리 단축에 공헌한 사람입니다. 그의 묘비에는 '바다의 길을 발견한 사람'이라고 새겨져 있다고 합니다.

매슈 폰테인 모리가 해군에 근무하고 있을 때, 당시 선장들은 위험이 있을지 모르는 항로를 택하는 모험을 감행하기보다는 잘 아는 항로로만 운행하려고 했습니다. 모리는 항해를 하면서 바다의 구역마다 어떤 패턴이 존재하는 것을 알았습니다. 예를 들어 어느 구역에서는 바람이 시계 방향으로 불었고, 어느 구역에서는 낮에 강풍이 불더라도 해가 지면 잔잔한 미풍으로 바뀌었습니다. 그래서 모리는 새로운 항구에 도착할 때마다 나이 많은 선장들을 찾아 수세대 동안 전해 내려오는 경험을 전해 들었습니다. 이러한 이야기들을 통해 규칙적으로 움직이는 조류와 바람, 해류 등에 관해 알게 되었죠. 하지만 당시 해군에서는 이러한 것을 활용하지 않았고, 수백 년 전에 만들어진 해도를 사용하고 있었습니다.

모리는 병참부에서 보관 중이던 항해 일지를 찾아냈습니다. 항해 일지에는 날짜별로 바람의 방향과 세기, 날씨가 기록되어 있었는데, 모리는 이 기록들을 모아서 새로운 항해도를 만들었습니다. 이 항해도는 대서양 전체를 5도 간격으로 위도, 경도를 나누고 각 구획에 기온과 바람, 파도의 속도 및 방향, 그리고 날짜를 기입했습니다.

모리는 정확도를 높이기 위해 표준 일지 양식을 만들어 미 해군의 모든 선박에 배포하고 기지로 돌아오면 일지를 제출하도록 했습니다. 일반 상선에도 해도를 주는 대가로 일지를 받아서 데이터를 축적했습니다. 이 해도를 이용하자 상인들은 장거리 항해의 경우 운행 거리를 3분의 1로 단축시킬 수 있어 많은 돈을 절약할 수 있었다고 합니다. 한 상인은 모리에게 다음과 같은 내용의 감사 편지를 보내왔다고 하네요.

"당신이 만든 것을 받아보기 전까지는 나는 눈을 감은 채 바다를 횡단하고 있었습니다."

통계학의 아버지 로널드 피셔

여러분들은 펩시콜라와 코카콜라의 맛을 구분할 수 있나요? 예전에는 이런 내기를 많이 했답니다.

"나는 펩시콜라와 코카콜라의 맛을 구분할 수 있어."

"에이, 거짓말! 그거 눈 가리고 하면 구분하기 힘들어."

"아니, 난 할 수 있어."

"진짜 아는지 실험해 보면 알지, 뭐."

실험을 위해 콜라 맛을 구분할 수 있다고 장담한 친구의 눈을 가리고 한 잔에는 펩시콜라를 따르고, 다른 잔에는 코카콜라를 따랐습니다. 그러고는 맛을 보게 했지요. 맛을 본 후 그 친구는 오른쪽 잔이 코카콜라라고 말했습니다.

그 모습을 지켜본 친구들은 탄성을 질렀습니다.

"와, 진짜 구분할 줄 아는데!"

1920년대 영국에서도 비슷한 일이 있었습니다. 영국 신사와 부인들이 모여 차를 마시고 있었는데, 그때 한 부인이 밀크티를 마시면서 자신은 홍차를 먼저 넣은 밀크티인지 우유를 먼저 넣은 밀크티인지 맛으로 구분할 수 있다고 말했답니다. 대부분 그 말을 웃어넘겼지만, 한 신사가 진짜 구분할 수 있는지 실험해

밀크티

보고자 했습니다. 그 신사는 부인이 못 보도록 하고 여러 개의 찻잔에 서로 다른 방법으로 밀크티를 만들었습니다. 그런 다음 그 부인에게 임의의 차를 마시고 알아맞히도록 했죠. 이 신사가 바로 현대 통계학의 아버지라고 불리는 로널드 피셔입니다.

여러분은 앞에서 콜라의 종류를 맞힌 친구는 진짜 콜라의 맛을 구분할 수 있다고 생각하는지요? 아니면 우연의 결과라고 생각하는지요?

얼핏 생각하면 그 친구는 콜라의 맛을 구분할 수 있는 것 같지요. 하지만 실제는 그리 간단하지가 않습니다. 왜냐하면 대충 말해도 맞힐 가능성이 50%나 되기 때문입니다.

그럼 어떤 방법으로 몇 잔이나 실험을 해야 진짜 구분할 수 있다고 할 수 있을까요? 통계적으로는 우연히 맞힐 수 있는 가능성이 있기 때문입니다. 우리 대부분은 이런 경우 직감적으로 판단하지 과학적으로 판단하지 않습니다.

확률은
반반

피셔의 위대함이 바로 여기에 있습니다. 처음으로 이런 상황을 어떻게 하면 과학적으로 증명할 수 있는지 시도했기 때문입니다. 피셔가 처음으로 도입한 실험 방법이 바로 무작위 추출이었습니다. 홍차를 먼저 넣은 밀크티 네 잔, 우유를 먼저 넣은 밀크티 네 잔, 총 여덟 잔을 준비하고 모든 잔을 잘 섞은 뒤에 다섯 잔의 밀크티를 임의로 골라 낸 후 맞히게 하는 것입니다. 임의로 다섯 잔의 밀크티를 마시게 하여 홍차가 먼저 들어갔는지 혹은 우유가 먼저 들어갔는지 맞혔을 경우 다섯 차례를 모두 우연히 맞힐 확률은 3.1%로 낮아집니다. 열 잔을 다 맞힐 가능성은 0.1%밖에 되지 않습니다. 이 정도 확률이면 구분할 수 있다고 생각하는 것이 합리적이기 때문입니다.

다섯 잔을 우연히 맞힐 가능성

$$1/2 \times 1/2 \times 1/2 \times 1/2 \times 1/2 = 0.031$$

　　피셔는 이런 방법을 통해 실험 계획법이라는 통계적 방법을 만들어 냈습니다. 이 방법은 지금도 많이 활용되고 있습니다. '어떻게 하면 쌀의 수확량을 늘릴 수 있을까?' 하는 의문을 가졌다고 해봅시다. 쌀의 수확량이 어떤 요인에 영향을 많이 받는지 파악하기 위해 물의 양, 흙의 성질, 비료의 종류 등을 조작하여 실험으로 알아낼 수가 있습니다. 또 새로 개발한 약이 더 효과가 좋은지 알아볼 때도 이제는 이러한 방법을 사용합니다.

통계를 통해 영국 정부를 설득한 나이팅게일

1854년에 크림 전쟁이 일어났습니다. 크림 전쟁은 러시아가 터키를 침공하자 영국과 프랑스가 러시아의 확장을 막기 위해서 참전한 전쟁이었죠. 나이팅게일은 38명의 간호사와 함께 자원하여 이스탄불의 영국군 야전병원에서 부상병을 치료하였습니다.

당시 야전병원은 더러운 위생시설과 살균되지 않은 도구들, 악취 등으로 상황이 매우 비참한 상태였다고 합니다. 또 입원, 부상, 질병, 사망 내역 등의 의무 기록이 제대로 관리되지 않았다고 합니다. 나이팅게일은 병원의 더러운 환경 때문에 질병이 더 악화되는 것으로 판단하여 병원 내부를 대대적으로 소독하고 뜨거운 물이 나오는 세탁실을 만들어 병원 환경을 개선시켰습니다.

나이팅게일은 병원의 환경을 개선하기 위해 군부의 지원을 요청하였지만 매번 묵살당하기 일쑤였고, 병원 의사들에게 협조를 얻기도 힘들었다고 합니다. 그래서 나이팅게일은 정부와 군부를 설득하기 위하여 통계를 활용하였습니다.

먼저 나이팅게일은 체계적으로 자료를 기록, 수집하기 시작했습니다. 그리고 그 자료를 바탕으로 질병 원인별 사망률이 매달 어떻게 변화하는지를 나타내는 그래프를 만들었습니다. 나이팅게일은 이 그래프를 영국의 신문사로 보냈고 영국 신문은 이를 대대적으로 보도했습니다. 이를 통해 일반 사람들도 부상병들이 병원에서 치료되기보다는 불결한 환경으로 인해 오히려 병을 얻어 사망한다는 사실을 알게 되었습니다. 이에 영국 정부는 즉각적으로 야전병원의 위생을 개

선하기 시작하였고, 그로부터 한 달이 지나자 42%에 달했던 사망률
이 2%까지 떨어졌다고 합니다.

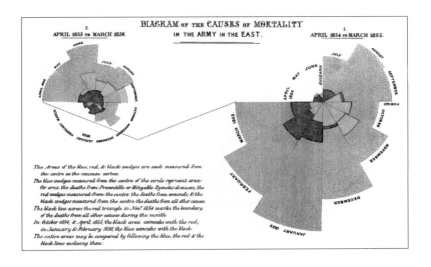

1858년 크림 전쟁 당시 부상병의 사망 원인을 기록한 '나이팅게일 로즈 다이어그램'

2장

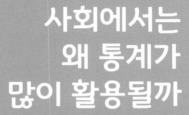

사회에서는
왜 통계가
많이 활용될까

01 우리에게 일어나는 일들은 우연일까

통계 이야기   사람의 감각을 믿을 수 있을까

며칠 전에 친구 민호는 이런 고민을 털어놓았다.

"만약 명문대에 합격했는데, 로또에 당첨되면 어떡하지? 난 로또에 당첨되면 세계 여행을 다닐 거거든."

이런 일이 일어날 가능성이 얼마나 될까? 말도 안 되는 것을 가지고 고민이랍시고 진지하게 털어놓는 민호의 모습에 어이가 없었다. 민호는 한심해하는 내 표정을 보더니 이렇게 물었다.

"그럼 한 가지 묻겠는데, 로또에 당첨될 가능성이 정확히 0일까, 아니면 거의 0일까?"

로또 당첨자는 매주 나온다. 그러니 0은 아니다.

"로또에 당첨될 확률이 814만분의 1이야. 벼락 맞을 확률보다 낮다고. 뭐, 어쨌든 정확히 0은 아니지."

"맞아. 정확히 0이 아니라는 것은 일어날 가능성이 존재한다는 의미야. 내가 명문대에 합격하고 동시에 로또에 당첨될 가능성도 존재한다는 거지. 즉, 일어날 가능성이 있다는 얘기야."

"어… 그렇긴 하지. 그래도…."

그렇다. 일어날 가능성은 있다. 민호의 확신에 나도 갑자기 헷갈리기 시작한다.

그런 내 표정을 보고 민호가 피식 웃으며 말했다.

"그 벼락을 매주 몇 명씩 맞는 사람이 있어. 매주 그렇게 벼락이 떨어지고 있는 거야."

"아, 그렇지. 매주 몇 명은 당첨이 되긴 하더라."

어, 그런데 이게 뭐지? 뭐가 꼬인 느낌이다. 아무리 확률적으로 낮은 일이라도 우리나라 전체, 아니 지구 전체로 보면 희박한 확률의 일들이 벌어지고 있다.

집에 가는 길에 민호가 자신만만하게 얘기했다.

"이번에 시험을 정말 잘 볼 것 같아."

"정말? 공부 열심히 한 모양이구나."

민호는 지갑에 곱게 모셔 둔 부적을 슬쩍 보여 주었다.

"이거 비싸게 했어. 이것만 가지고 있으면 문제가 다 풀린대. 용한 점집이라 믿을 만해."

"그거 미신이야. 미신이란 아무 관계가 없이 우연히 일어난 일을 관계가 있다고 믿는 거야. 그 부적하고 성적하고는 아무런 관계가 없어. 우리 아빠가 그러시는데, 사람들은 어떤 일이 일어나면 그 원인을 찾고 싶어 한대. 예를 들어 검은 고양이를 본 야구 선수가 그날 홈런을 치면 검은 고양이를 봐서 홈런을 친 걸로 생각하게 되는 거지."

"그렇지 않아. 이 부적을 가진 우리 아빠는 회사에서 진급도 하셨고, 월드컵 때 회사에서 축구 결과 맞히기 내기를 했는데 그때도 아빠가 이기셨대. 그리고 몇 년 전 미국 대선에서도 트럼프가 대통령이 됐잖아. 아버지가 딱 보더니 트럼프가 될 거 같다고 하셨거든."

"그랬나? 저번에 너희 아빠가 클린턴이 될 거 같다고 한 것 같은데."

"아니야. 그건 언론에서 클린턴이 될 것 같다고 해서 그렇게 얘기한 거지. 아빠가 부적을 손에 쥐고 딱 보니 트럼프가 될 거 같은 느낌이 오더래. 그게 다 이 부적의 힘이지 뭐야."

"그래도 부적 때문이라는 것은 좀 그런데…."

"아니야, 나도 이 부적을 가지고 많이 맞혔어."

"정말?"

"그럼. 도전골든벨을 보고 내가 딱 얘기하니까 그게 정답이더라고. 그리고 내 짝꿍 혈액형도 A형인 걸 알아 맞혔지. 내가 그런 거 못 맞히는 편이잖아."

백발
백중이지

"내가 봤을 때는 그건 화살을 먼저 쏜 후에 표적을 그린 것 같은데! 그런 경우는 언제나 화살을 중앙에 쏠 수가 있거든. 우리는 믿고 싶은 증거에만 주목하고 다른 것은 쉽게 무시하는 경향이 있대. 내가 보니 넌 딱 그 경우야."

「혹성 탈출」이란 영화가 있습니다. 인간의 실험으로 두뇌가 발달한 원숭이와 인간의 대결을 다룬 영화입니다. 이 영화에 등장한 백만 마리의 원숭이들이 모두 모여 동전을 던져 앞면과 뒷면을 맞히는 게임을 시작했다고 합니다. 백만 마리 원숭이 중에 무려 20번이나 맞힌 원숭이가 나타났다면, 이 원숭이는 엄청난 예지력을 가진 원숭이일까요, 아니면 평범한 원숭이일까요?

우리는 세상에 일어나는 일에 대해서 언제나 필연성을 생각합니다. 어떤 일이 일어나면 그 일이 왜 일어났는지 파악하려고 노력합니다. 하지만 세상의 많은 일이 우연적으로 일어나고 있습니다.

다시 원숭이 이야기로 돌아가 봅시다. 동전의 앞면과 뒷면을 맞힐 가능성은 1/2(50%)입니다. 백만 마리가 동전의 한 면을 맞힌다면 기본적으로 50만 마리는 맞힐 수 있습니다. 이렇게 하면 20번을 맞힌

동전의 앞뒤 면을 연속으로 맞힌 횟수	원숭이 수	동전의 앞뒤 면을 연속으로 맞힌 횟수	원숭이 수
	1,000,000		
1	500,000	11	488
2	250,000	12	244
3	125,000	13	122
4	62,500	14	61
5	31,250	15	31
6	15,625	16	15
7	7,813	17	8
8	3,906	18	4
9	1,953	19	2
10	977	20	1

원숭이도 존재할 수 있습니다.

　한 개인으로 본다면 이것은 엄청난 능력이나 행운으로 여겨지지만, 백만이라는 전체적인 관점에서 보면 이런 일은 충분히 일어날 가능성이 있다는 것을 여러분은 이제 알았을 것입니다. 통계 이야기에 나온 에피소드처럼 로또에 당첨될 확률도 나 개인으로 보자면 벼락 맞을 확률보다 낮지만 우리나라 전체로 볼 때는 행운을 거머쥐는 사람이 일주일마다 몇 명씩 나올 수 있습니다.

우리는 왜 미래를 알고 싶어 할까

　사람들이 가장 궁금해하는 것은 무엇일까요? 바로 미래입니다. 미래를 안다면 다가올 위험으로부터 자신을 보호할 수 있고 유리한 조건을 선점할 수 있기 때문이죠. 그래서 옛날부터 미래를 알기 위해 많은 노력을 해 왔습니다. 점을 치기도 하고, 신에게 기도를 드려 응답을 받으려고도 했습니다. 고대 그리스에서는 예언가가 제비를 뽑았다고 합니다. 로마에서는 동물의 내장을 꺼내어 점을 쳤고, 폴리네시아에서는 코코넛 열매를 돌려서 앞일을 예측했다고 합니다. 또 전문가들이 한데 모여 서로 의견을 나누고 미래를 예측하기도 했습니다. 이것을 '델포이 방법'이라고 하는데, 고대 그리스의 도시 델포이에 세워진 아폴론 신전에서 예언가들이 모여 미래를 점치는 것에서 유래했다고 합니다.

인류는 농경 시대 7천 년, 산업 시대 200년, 정보화 시대 50년을 보냈습니다. 농업 시대에는 이런 예측들이 신기하게도 어느 정도 맞았습니다. 왜 그랬을까요?

할머니가 "제비가 낮게 나니 비가 오겠군.", "허리가 쑤시는 걸 보니 비가 오겠는데." 하고 말씀하시는 걸 들어 본 적이 있을 겁니다. 바로 오랜 경험을 통해 어느 정도 미래의 일을 예상할 수 있었던 거죠. 왜냐하면 농업은 일 년 주기로 비슷하게 진행되기 때문입니다. 오래전부터 내려오는 속담이 바로 그런 경험에서 누적된 지식입니다.

그런데 요즘은 발전 속도가 너무 빨라서 경험을 통해 미래를 예측하는 것이 거의 불가능해졌습니다. 고려 시대, 조선 시대를 다 합친 변화보다 최근 몇 년의 변화 속도가 훨씬 빠르다고 합니다. 미래학자 레이 커즈와일에 따르면 미래가 기하급수적으로 변해 21세기 변화는 20세기 변화보다 1000배나 빠르다고 합니다. 이런 차이는 걸어가는 것과 자동차로 고속도로를 달리는 것과 비슷할 것입니다. 빠른 속도로 고속도로를 운전해 갈 때 필요한 것은 지도와 내비게이션입니다. 빠르게 변화하는 미래 사회에 대비하기 위한 우리의 무기는 무엇일까요? 개인의 경험보다는 변화의 흐름과 패턴을 읽을 수 있는 빅데이터, 바로 통계입니다.

미래를 잘못 예측하면 위험에 빠져

미래를 예측하는 것은 매우 어렵습니다. 사람들은 자신의 주관이나 습관, 지식에 따라 미래를 판단하려는 경향이 강하기 때문입니다. 무엇보다 사람들의 판단을 흐리게 하는 것은 욕심일 것 같습니다.

튤립의 예를 들어 볼까요? 튤립은 중앙아시아와 터키가 원산지인데, 16세기 중반부터 프랑스와 네덜란드에서 큰 인기를 얻었습니다. 당시 네덜란드는 동양과의 무역을 독점하여 엄청난 돈을 벌었다고 합니다. 이렇게 많은 돈을 투자할 곳을 찾던 네덜란드 사람들은 터키에서 들어온 튤립에 돈을 투자하기 시작했습니다.

다. 튤립의 희소성 때문에 부자들은 부의 상징으로 화려한 튤립 정원을 꾸몄다고 합니다. 튤립은 꽃을 피우기까지 3~7년의 시간이 소요되므로 튤립을 구하기가 점점 어려워지자 튤립 가격이 폭등했습니다. 17세기 당시 노동자 평균 연봉은 150플로린 수준이었는데 일반 튤립 구근 한 개의 가격이 1천 플로린에 달했습니다. 희귀종의 경우에는 6천 플로린까지 값이 치솟았다고 합니다. 튤립 뿌리 하나가 집 한 채 값과 맞먹을 정도로 가격이 올랐던 것입니다.

1637년 한 귀족의 집에 튤립 뿌리가 소포로 배달되었는데, 그집 요리사가 양파인 줄 알고 요리를 해 버렸다고 합니다. 귀족은 그 요리사를 고소하기에 이르렀는데, 법원은 '튤립의 재산적 가치를 인정할 수 없다.'라는 판결을 내렸습니다. 이 소식이 알려지자 사람들은 튤립의 가치에 대해 다시 생각하게 되었습니다. 그러고는 너도나도 튤립을 내다팔기 시작하자 단 며칠 사이에 가격이 폭락해서 많은 사람들

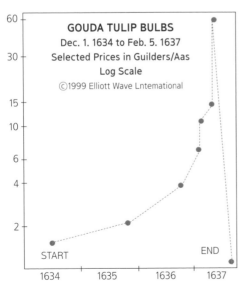

위) 17세기 네덜란드에서 가장 비싼 꽃으로 팔렸던 튤립

왼쪽) 하우다 튤립 버블 그래프.
1634년부터 1637년까지 튤립의 가격 변동을 나타낸다.

이 파산하게 되었습니다. 이러한 튤립 파동으로 인해 17세기 경제 대국이었던 네덜란드는 몰락의 길로 접어들게 되고 경제의 주도권을 영국으로 넘겨주게 되었다고 합니다.

당시 네덜란드 사람들은 왜 그렇게 튤립에 집착했을까요? 튤립의 진정한 가치보다는 주변에서 튤립을 구매하여 이윤을 남기는 것을 보고 본인만 사지 않으면 손해일 것 같다고 생각해서입니다.

이런 어리석은 선택은 요즘도 많이 일어나고 있습니다. 여러분은 지금 대부분 스마트폰이나 디지털카메라로 사진을 찍을 것입니다. 그전에는 필름 사진을 찍었습니다. 필름을 카메라에 집어넣은 뒤 사진을 찍고 그 필름을 인화했습니다. 이때는 코닥이라는 회사가 시장을 지배했지요. 1980년대 초반 전 세계 필름 시장의 3분의 2를 차지했지만 디지털카메라가 나오면서 코닥은 몰락하게 되었습니다. 더 이상 필름이 필요하지 않게 되었기 때문이죠.

그런데 놀라운 것은 1975년 디지털카메라를 먼저 개발한 곳은 코닥이었습니다. 당시 코닥 경영진은 디지털카메라보다 해 오던 일이나 잘하라고 지시했다고 합니다. 워낙 필름 사업이 잘되어서 새로운 제품을 만들어 필름 산업을 일부러 죽일 필요가 없다고 판단한 것이죠. 그런데 1980년대 디지털 바람이 불면서 상황이 급격하게 변했습니다. 코닥은 뒤늦게 1990년 중반에 디지털카메라 사업에 뛰어들었지만 경쟁업체를 따라잡을 수가 없었습니다. 코닥은 제일 먼저 디지털카메라를 개발하고도 필름 사업이 너무 잘된 것에 도취해 미래를 잘못 예측함으로써 쓰라린 실패를 경험할 수밖에 없었습니다. 지금은 카메라 사업을 포기하고 인쇄업체로 남아 있다고 합니다.

　　이와 비슷한 경우는 휴대폰 시장에서도 일어났습니다. 여러분은 지금 스마트폰을 주로 쓰고 있지만 불과 몇 년 전만 해도 피처폰을 사용했습니다. 그 당시 시장을 지배했던 기업은 노키아였습니다. 노키아는 한때 세계 시장의 70%를 차지하고 있었습니다. 그런데 스마트폰이 나타나면서 노키아는 순식간에 몰락했고 결국 마이크로스프트 사에 매각되었습니다. 노키아는 성공에 안주한 나머지 기술의 변화를 인식하지 못했기 때문입니다.

　　노키아의 경영진은 2009년 애플 아이폰이 출시될 당시 큰 실수를 했습니다. 그 당시 노키아 최고경영자는 아이폰을 보고 '컴퓨터를 만든 듯한 스마트폰은 당장 필요하지도 않고 기술 과도의 상품일 뿐이다. 시장에서 먹히지 않을 것이다. 우리가 정한 것이 표준이다.'라고 말하고는 오히려 피처폰의 생산 라인을 늘렸다고 합니다. 하지만 사람들은 스마트폰의 매력에 흠뻑 빠져 더 이상 피처폰을 사용하지 않게 되었습니다.

　　여러분들이 좋아하는 아이언맨에도 깊은 사연이 있다고 합니다. 1998년 소니는 스파이더맨을 영화로 만들고 싶어 했습니다. 그 당시 회사가 어려웠던 마블은 아이언맨, 토르, 앤트맨, 블랙 팬서 캐릭터를 모두 포함해서 2,500만 달러(약 270억 원)에 판매했다고 합니다. 그런데 소니는 B급 캐릭터에 관심없다며 스파이더맨 캐릭터만 1,000만 달러에 판권을 샀다고 합니다. 요즘 마블 영화의 인기를 생각한다면 소니로서는 정말 후회스러운 판단이었습니다.

이처럼 무언가를 선택하거나 판단을 내릴 때 자신의 경험만을 지나치게 앞세우다 보면 합리적 판단을 하기 힘듭니다. 이렇게 미래를 잘못 예측하지 않기 위해서는 객관적인 자료를 통해 판단을 내려야 합니다. 통계는 가장 객관적이고 과학적인 자료입니다.

땅을 치고 후회한 잘못된 예측들

"우리는 그들의 사운드가 마음에 들지 않는다. 기타 음악은 이제 한물갔다."
 - 1962년 데카 레코딩 컴퍼니가 비틀스 음반 제작을 거절하며 한 말

"도대체 누가 배우가 말하는 것을 듣고 싶어 하겠는가?"
 - 1927년 워너브라더스 설립자가 유성 영화 트렌드에 대해서 한 말

"컴퓨터에 대한 전 세계 시장의 수요는 다섯 대 정도일 것이다."
 - 1943년 IBM 회장 토마스 왓슨이 PC에 대해서 한 말

"사람들이 집에 컴퓨터를 설치할 이유는 없다."
 - 1977년 컴퓨터 제조업체 DEC 회장 켄 올슨의 말

"전화기에는 단점이 너무 많기 때문에 전화기를 의사소통 수단으로 사용한다는 것은 상상도 할 수 없는 일이다. 완전 쓸데없는 기계다."
 - 1878년 웨스턴 유니온 내부에서 작성된 전화기 관련 메모

"20세기 말이 되기 전 소비에트연방의 경제력이 미국을 능가할 것이다."
 - 노벨 경제학상을 수상한 로버트 솔로가 1960년에 한 말

"2010년 무렵이면 세계 석유 매장량이 바닥날 것이다."
 - 1970년 로마클럽에서의 말

판단을 흐리게 하는 요소들

- 관찰자의 기대 효과 : 어떤 결과를 기대하면 자기가 원하는 결과는 보이지만 원하지 않는 것을 보지 못하는 경향이 있고, 간혹 원하는 결과를 위해 시험을 조작하기도 함.
- 확증 편향 : 사람들은 자신이 이미 가지고 있는 선입견을 확증하려는 의도로 정보를 찾거나 해석하는 경향이 있음.
- 군중 심리 : 많은 사람들이 생각하거나 생각할 것 같은 방식으로 생각하거나 따라감.
- 상황에 따른 판단 : 상황이 좋을 때는 좋은 점만 보려 하고 반대로 상황이 안 좋으면 나쁜 점만 보려고 함.
- 바넘 효과(Barnum Effect) : 사람들이 보편적으로 가지고 있는 성격이나 심리적 특징을 자신만의 특성으로 여기는 심리적 경향. 점쟁이는 미래를 예측할 때 많은 사람들이 자기에게 들어맞는다고 생각할 만한 모호한 말을 하고 사람들은 그 말을 옳게 받아들임. 19세기 말 곡예단에서 사람들의 성격과 특징을 알아내는 일을 하던 바넘에서 유래하였음.
- 점화 효과(Priming Effect) : 먼저 제시된 정보(Prime)가 나중에 제시된 정보(Target)의 처리에 영향을 주는 현상. 사람들은 먼저 습득한 불안전한 정보를 바탕으로 다음의 정보를 판단하기 때문에 많은 오류를 범함. 또 사람들은 자신의 경험에 많은 의미를 부여함.

미래를 예측하는 방법

예측이란 현재의 상황에서 미래의 결과를 제시하는 것입니다. 우리가 사는 세상은 매우 빠르게 변화하고 있습니다. 미래를 잘 예측하면 새로운 시대에 발 빠르게 대응할 수 있고 새로운 기회를 잡을 수 있습니다. 또 미래에 다가올 위험에 대비하고 피해를 최소화할 수 있습니다. 물론 잘못된 예측은 더 큰 위험을 초래할 수 있고 먼 미래에 일어나는 일이라 예측 결과에 대해 책임지기가 쉽지 않습니다.

우즈베키스탄에 이런 우화가 있습니다. 어떤 사기꾼이 귀족에게 돈을 많이 주면 당나귀에게 말을 가르치겠다고 했습니다. 대신 당나귀에게 말을 가르치는 데는 20년이 걸린다고 했죠. 20년 후 당나귀는 말을 하게 되었을까요? 20년 후 사기꾼, 귀족, 당나귀는 모두 죽고 없었습니다. 이렇게 미래를 예측하는 일은 허황될 수 있습니다.

미래를 예측하는 방법에는 어떤 것이 있을까요? 먼저 과거의 경험을 통해 미래의 변동을 예측하는 방법입니다. 예를 들어 철수는 지난번에 수학을 100점 받았으니 이번 시험에도 90점 이상은 받을 거라고 예측하는 것입니다.

두 번째로는 데이터 추세를 통해 예측할 수 있습니다. 예를 들어 어느 지역에 매년 자동차 판매량이 일정하게 늘어나고 있다면 앞으로의 자동차 판매량을 예상할 수 있을 것입니다. 하지만 이런 방법에도 가정을 잘못하면 엉뚱한 결과를 이끌어 낼 수 있습니다.

19세기 말 빅토리아 시대에 정책 담당자는 인구 성장률을 살펴보고 길거리에 말똥이 빠르게 늘어날 것을 예상했습니다. 1910년

길거리의 말똥은 발목 깊이까지 쌓이고, 1925년이 되면 말똥이 무릎 깊이까지 쌓일 것이라 경고했지요. 이런 일은 일어나지 않았어요. 자동차가 개발되어 도로를 달렸기 때문입니다. 이런 잘못된 예측의 원인은 마차가 미래에도 유일한 교통수단이라고 가정했기 때문입니다.

　　세 번째로, 변수 간의 상관관계를 통해서 예측하는 것입니다. 특정 변수의 움직임을 보고 다른 변수가 어떻게 변하는지 살펴봄으로써 알 수 있습니다. 예를 들어 올여름은 비가 오는 날이 많아 일조량이 부족해서 가을에는 과일값이 많이 오르겠다고 예측하는 것입니다.

　　예측은 미래의 결과를 정확히 알고자 하는 목적보다는 미래의 불확실성을 관리하고자 하는 측면이 더 큽니다. 즉, 미래에 대해 폭넓게 생각함으로써 앞으로 일어날 일에 미리 대비하는 것입니다.

　　존 케네디는 달에 인간을 착륙시키겠다고 말했습니다. 사람들은 불가능하다고 생각했지만 8년 뒤 달에 인간이 착륙했습니다. 많은 미래학자들은 앞으로 20년 후에는 인간이 원하고 계획하면 못할 일이 하나도 없다고 봅니다. 미래를 볼 수 있는 능력은 연습이 가능합니다. 데이터를 통해 과거의 패턴을 파악하고 앞으로 어떻게 변해 갈지 추정해 보는 것입니다.

미래를 보는 열쇠

통계 이야기 세상은 아는 대로 보인다

오랜만에 가족들이 모여 저녁 식사를 하고 있는데 분위기가 별로 좋지 않다. 막내의 기말고사 성적이 별로 좋지 않기 때문이다. 엄마는 속상한 듯 국에 밥을 말아 이리저리 숟가락으로 휘젓고만 있다. 막내는 모자를 푹 눌러쓰고 아무 말도 못 하고 앉아 있다.

엄마는 더 이상 못 참겠다는 듯 한숨을 내쉬며 얘기를 꺼낸다.

"게임을 너무 많이 하니 그래. 모든 결과에는 원인이 있기 마련이야. 점수를 회복하려면 게임을 하루 30분으로 줄여야 해."

그 말을 듣던 아버지는 고개를 흔들며 말했다.

"그렇지 않아. 중간고사와 기말고사의 점수대를 살펴봐야 해. 두 시험의 난이도가 같진 않잖아. 이번 기말고사의 전체 평균이 중간고사보다 낮아."

그 말을 듣던 엄마는 화가 난 듯 숟가락을 식탁에 탁 내려놓았다.

"아니, 무슨 말을 하는 거예요? 게임 시간과 성적의 관계가 얼마나 중요한 줄 몰라요?"

그 말에 아버지가 다시 말을 이었다.

"그래도 전체 평균을 봐야지. 문제가 어려웠다면 점수가 내려가는 것이 당연하잖아."

그 옆에 첫째 딸이 한심하다는 듯 고개를 젓더니 말했다.

"우등한 그룹과 열등한 그룹으로 보았을 때, 막내는 우등한 그룹이니 너무 걱정하지 않으셔도 돼요. 성적이야 오를 때도 있고 내릴 때도 있는 거잖아요."

그러자 둘째 아들이 답답하다는 듯 고개를 흔들었다.

"문제를 그렇게 간단하게 보면 안 되죠. 모든 문제는 복합적으로 관계된 요소가 있어요. 지금까지 막내의 생활을 살펴보면 게임하는 시간이 늘었고, 책을 볼 때 집중력도 떨어졌어요. 그리고 아침에 일어나는 시간도 15분이나 늦어졌어요."

잠시 물을 한 모금 마신 둘째 아들은 다시 말을 이었다.

"이 모든 것의 원인은 하나예요. 그건 바로 부모님에 대한 신뢰 문제예요. 전에 중간고사 때 점수가 오르면 최신형 휴대폰으로 바꿔 주신다고 그랬잖아요. 그런데 그 약속을 어겨서 막내가 불만이 쌓인 거예요."

그 말을 들은 엄마는 몹시 화가 난 듯 막내를 쏘아보며 말했다.

"정말 그것 때문이야, 막내야?"

엄마의 말에 둘째 아들이 막내보다 먼저 말했다.

"엄마는 매번 약속을 어겨요. 저번에 중간고사 잘 보면 MTB 자전거 사준다는 것도 그냥 넘어갔어요."

수세에 몰린 엄마는 더 이상 못 참겠다는 듯 일어섰다.

"모두 조용히 해. 지금 막내 성적 얘기를 하고 있는 거야. 막내야, 네가 얘기해. 정말 휴대폰 안 바꿔줬다고 성적이 내려간 거니?"

그러자 모자를 푹 눌러쓰고 있던 막내가 드디어 입을 열었다.

"저기, 소문으로 듣던 대로 다들 냉철한 분석력을 가지셨네요. 죄송한데요. 저는 이 집 막내가 아니라 막내 친구예요. 이 옷을 입고 모자를 푹 눌러쓰고 있으면 다들 모를 거라고 친구가 부탁하더라고요. 통계 공부를 열심히 한 친구가 기말고사가 끝나면 분위기가 험악해질 거라는 것을 미리 예측하고 저한테 부탁한 거죠."

그제야 가족들은 막내의 친구가 식탁에 앉아 있는 것을 알았다. 지금까지 아무 말도 없이 자리에 앉아 얘기를 듣던 할머니가 혀를 쯧쯧 차면서 말씀하셨다.

"똥인지 된장인지 꼭 맛을 봐야 아나. 제 아무리 많이 배우고 똑똑하다고 설치면 뭐하노. 자기 아들인지도 모르는데. 그런 건 눈만 제대로 달렸으면 다 아는 기다."

똥이든 된장이든 먹고 싶지 않아!

오래전부터 우리 조상들은 삶에 인과의 법칙이 있다고 믿었습니다. 사주팔자, 손금, 전생, 운명 등 여러 가지 근거를 통해 자신의 삶에 정해진 규칙이 있다고 믿은 것입니다. 그래서 사람들은 그런 규칙을 찾기 위해 많은 노력을 기울였습니다.

　　통계 이야기에서 막내의 성적이 떨어진 것을 두고 온 가족이 원인과 규칙을 찾으려고 애를 쓰는 것도 같은 맥락입니다. 우리의 행동이나 생각은 자신이 느끼지 못하지만 규칙성을 띠고 반복되고 있습니다. 과거에서부터 현재에 이르기까지, 그리고 현재에서부터 미래에 이르기까지 우리의 삶에 영향을 끼치는 규칙을 알 수 있다면 좋겠죠?

　　우리의 삶에서 이런 규칙을 찾는 방법이 있을까요? 바로 통계입니다. 통계는 미래를 보는 열쇠입니다. 그중에서 우리 사회의 현상이나 변화를 파악하는 데 널리 사용하는 것이 인구 통계입니다. 인구 통계는 인구수, 인구 구성, 인구 분포, 출생, 사망, 인구 이동 등의 자료를 통해 사회의 구조와 변동 동향을 파악하는 중요한 기초 자료입니다.

　　그러면 여기서 인구 통계에서 사용하는 인구수, 인구 구성, 인구 분포 등의 자료가 우리 사회와 어떤 밀접한 관계가 있는지 먼저 살펴볼까요?

　　사람이 한평생을 살면서 사회에 영향을 끼치는 특정한 시기가 있습니다. 크게 3세대로 나누는데, 첫 번째는 시장 진입 세대(15~34세)입니다. 이 시기에는 학업을 마치고 취업을 합니다. 그리고 결혼을 하고 출산을 합니다. 이 시기에 집을 사고 자동차나 각종 살림 도구를 장만합니다. 아마 지금까지 살아오면서 구입했던 물건보다 훨씬 많은 물건을 이 시기에 몰아서 사게 될 것입니다.

그런데 물건을 많이 사면 어떤 일이 벌어질까요? 공장에서는 더 많은 물건을 만들어야 하고 그 물건들을 만들기 위해서 더 많은 인력을 채용해야 합니다. 사는 사람이 많은데 물건을 더 못 만들면 물품이 귀해져 물건 가격이 오릅니다.

두 번째는 쌍봉 세대로 불리는 40~50대입니다. 이 시기는 삶에 있어서 가장 안정된 시기입니다. 20년 이상의 직장 생활을 통해 돈도 가장 많이 벌고 사회적 지위도 갖추게 됩니다. 또 자녀들이 청소년기에 접어들어 대개 넓은 집으로 이사를 하게 됩니다. 소득이 가장 높은 시기여서 저축도 가장 많고 구매력도 가장 높은 시기입니다. 이렇게 만 15세에서 64세까지 경제 활동을 활발히 하는 사람을 '생산 가능 인구'라고 합니다.

마지막으로 60대 이후입니다. 이 시기에는 보통 직장에서 은퇴를 합니다. 소득은 없지만 자녀들의 결혼, 대학 진학 등으로 많은 비용을 지출해야 해서 그동안 저축해 놓은 돈으로 생활을 합니다. 따라서 큰 집을 팔아 작은 집으로 이사하고 현금 사용을 많이 합니다. 저축해 놓은 돈에 따라 소비에도 영향을 주지요.

이런 우리 사회의 변화를 볼 수 있는 통계가 바로 인구 구조입니다. 인구 구조는 성별, 연령별로 인구가 어떻게 구성되어 있는지 한눈에 살펴볼 수 있는 도표입니다. 통계청 홈페이지에 들어가면 연도

별로 우리나라의 인구 구조를 살펴볼 수 있습니다.

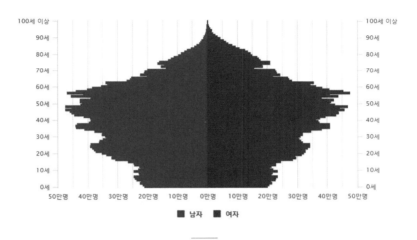

2018년 우리나라 인구 구조(출처 : 통계청)

　　인구 구조를 자세히 살펴보면, 가장 크게 요동치는 부분이 있습니다. 바로 베이비붐 세대를 나타내는 곳입니다. 베이비붐은 급격히 많은 아기가 태어난 때를 말합니다. 우리나라는 한국 전쟁을 치르면서 많은 사람들이 사망했지만, 전쟁이 끝난 직후(1955~1963년)에는 전쟁으로 하지 못했던 결혼을 하고, 국가에서 출산장려정책을 펴면서 9년 동안 816만 명의 아기가 태어났습니다. 짧은 기간 동안 많은 아기가 태어난 거죠. 이때를 1차 베이비붐이라고 합니다. 이후 본격적인 산업화가 시작되면서 1968과 1974년 사이에 많은 아기들이 태어났습니다. 이때를 2차 베이비붐이라고 합니다.

　1980~1990년대 들어 1차 베이비붐 세대가 사회에 진출하기 시작하자 사회는 전에 겪지 못한 큰 변화를 경험합니다. 이 세대가 취업과 결혼을 하고 집을 사고 자녀를 갖기 시작하면서 구매가 큰 폭으로 증가했지만 생산량은 이를 따라가지 못했기 때문이죠. 그래서 1990년대 초반에 물가와 집값이 많이 올랐습니다.

　2000년대 들어 1차 베이비붐 세대가 쌍봉 세대에 들어서고, 2차 베이비붐 세대가 시장 진입 세대에 들어서면서 많은 주택 수요가 발생했습니다. 또다시 집값이 크게 올랐습니다.

　하지만 2010년대 후반에 접어들면서 1차 베이비붐 세대들의 은퇴가 본격화되고 고령 인구가 많아지면서 여러 가지 사회 변화를 예고하고 있습니다. 이런 추세로 인구가 성장하면 총인구는 2031년에 5,296만 명까지 증가한 후 이후부터는 감소할 것입니다.

　그렇다면 사회의 활력을 불어넣는 15~64세 생산 가능 인구는 어떻게 변해 갈까요? 2015년 3,744만 명에서 2016년 3,763만 명으로 가장 높았다가 그 이후로 점점 감소할 것으로 예상됩니다.

　반면에 고령 인구는 점차 증가할 것으로 보입니다. 이는 철저한 대비를 하지 않으면 2016년까지는 경제가 성장을 하지만 그 뒤로는 경제 성장이 멈출 수도 있다는 뜻입니다.

　이렇게 인구 통계를 보면 앞으로 우리 사회가 어떤 문제가 생기고 어떻게 준비를 해야 하는지 짐작할 수가 있을 것입니다.

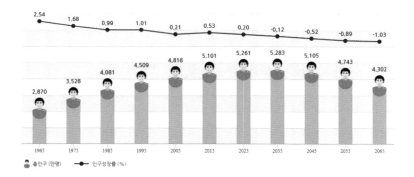

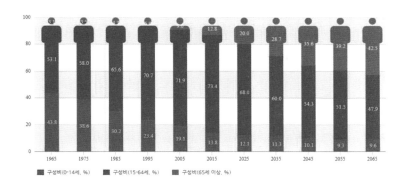

위) 1965년부터 2065년까지 우리나라 총인구와 인구 성장률
아래) 1960년부터 2065년까지 연령계층별 인구 구성비(출처 : 통계청)

사회는 어떤 인재를 원하고 있을까

우리나라 직업의 수는 2016년 기준으로 1만 1,655개라고 합니다. 이 가운데 80%가 10년 내 사라지거나 바뀐다고 합니다. 물론 새로운 직업도 많이 생길 것입니다. 그럼 우리는 어떻게 준비하는 것이

좋을까요? 몇 년 전 출근하는 길에 벼룩시장에서 나온 광고판을 본 적이 있습니다.

'구인구직은 운이 아니라 확률!'

여기 사장님은 왜 구인구직은 운이 아니라 확률이라고 생각 했을까요?

학생 때 가장 많이 받는 질문 중 하나가 "장래희망이 뭐야?", "넌 커서 뭐가 되고 싶어?"일 것입니다. 선호하는 직업은 시대에 따라 변하고 있습니다. 1970~1980년대 남학생들의 꿈 중에는 대통령이 많았습니다. 그다음으로 과학자를 꿈꿨죠. 1990년대 들어서는 전문직이 각광을 받았습니다. 그래서 1위가 의사, 2위가 변호사, 3위가 선생님이었죠. 2010년부터는 1위는 공무원, 2위는 연예인, 3위가 운동선수였습니다. 아이돌 가수들과 김연아, 손연재, 박태환 선수들이 인기를 끌면서 청소년들의 희망 직업도 바뀐 것이죠. 2016년에는 건물주가 꿈이라고 답하는 학생들이 많아졌다고 합니다.

초·중·고 시절 희망 직업에 가장 영향을 주는 사람은 부모님이고 그다음이 교사입니다. 그러므로 이런 조사 결과는 현재 부모님들이 가장 선망하는 직업일 가능성이 높아 보입니다.

의사로
자라다오

그렇다면 앞으로 10년 뒤에는 어떤 직업이 인기를 끌까요?

여러분이 대학을 가거나 회사에 취직을 하려면 면접을 보게 되는데, 그 자리에서는 이러한 질문을 받을 가능성이 높습니다.

옥스퍼드와 케임브리지 대학 면접 문항

- 자신의 머리 무게를 어떻게 잴 것인가?
- 사람은 언제 죽는 걸까?
- 세상에는 사람이 너무 많지 않은가?
- 컴퓨터도 양심을 가질 수 있을까?
- 왜 바닷물에는 소금기가 있을까?
- 소 한 마리에는 전 세계 물의 몇 퍼센트가 들어 있을까?
- 모세는 방주에 얼마나 많은 동물들을 태웠을까?
- 행복하다는 것은 어떤 것일까?

출처 : 『이것은 질문입니까?』(존 판던 지음)

이러한 질문을 하다니 면접자는 매일 어떻게 하면 면접 대상자를 골탕 먹일지 연구하고 있는 사람인 것 같습니다. 여러분은 얼마나 답을 잘 할 수 있을지 생각해 보세요.

우리가 여기서 먼저 알아야 하는 것은 이 질문의 답이 아니라 면접자가 왜 이런 질문을 하는가입니다. 이러한 질문을 하는 가장 큰 이유는 학교와 사회에서 직면하게 되는 문제가 다르기 때문입니다.

학교는 대부분 가르쳐야 할 내용이 정해져 있고 그 내용을 학습한 후에 얼마나 알고 있나 확인하는 과정을 거칩니다. 즉, 학생일 때는 대부분 배운 내용을 토대로 문제의 해결점을 찾을 수 있습니다. 하지만 사회에 나가는 순간 옥스퍼드 대학 입시 면접 문항 같은 내용의 질문이 이어집니다. 앞일의 상황을 예상하기 힘들기 때문에 질문도 예상하기 힘듭니다.

글로벌 기업인 현대자동차에서는 직원들을 채용할 때 직무 적성검사인 HMAT를 보고 있다고 합니다. 직무 적성검사는 크게 언어 이해, 논리 판단, 자료 해석, 정보 추론, 도식 이해 등 5개 영역이며, 이중 자료 해석과 정보 추론이 통계와 관련된 영역입니다.

- 언어 이해 영역은 내용의 일치·불일치, 빈칸에 들어갈 문장 파악하기, 주어진 제시문을 통한 추가적 내용 추론, 글의 논리적 배열 위주 등의 유형들로 문제가 구성된다.
- 논리 판단 영역은 결론 도출을 요하는 명제논리나 순서 정하기, 자리 배정하기, 참·거짓 구분하기 등 다양한 유형이 포함된 논리 퀴즈 문제로 구성된다.
- 자료 해석은 표 또는 그래프로 표현된 통계 자료를 통해 간단한 계산을 수행하거나 자료 내용을 분석한다.
- 정보 추론 영역에서는 자료를 통한 계산이나 논리 퍼즐, 표 또는 그림을 주고 그중 특정 항목을 다른 형태의 자료로 표현한다.
- 도식 이해는 숫자나 도형, 혹은 이 두 가지 요소를 결합한

복합 문제를 주고 규칙과 주어진 조건에 맞게 배열한다. 즉, 주어진 조건이 작동하는 원리를 파악한다.

이것을 보면 현재 우리나라 기업들이 앞으로 어떤 능력을 필요로 하는지 알 수 있습니다. 또한 다섯 가지 중 두 가지가 통계 관련 영역이라는 것을 알 수 있습니다.

여러분이 사회에 나갈 때는 지금 보는 일자리가 많이 사라지고 새로운 일에 직면할 것이라고 얘기하고 있습니다. 여러분이 살아가게 될 세상은 전혀 새로운 곳일 수 있기 때문입니다.

영화 감독인 스필버그와 여러분의 시간당 비용은 얼마나 차이가 날까요? 지금 최저임금은 시간당 7,530원입니다. 스필버그의 한 시간 강의료는 2억 5천만 원이라고 합니다. 무슨 이유로 이렇게 엄청난 차이가 나는 것일까요? 그것은 바로 희소성 때문입니다. 원하는 곳

시급 7,530원   시급 2억 5천만 원

은 많은데 특별한 기술이나 재능을 가진 사람이 적다면 당연히 그 사람의 가치는 올라갈 것입니다.

그렇다면 앞에서 직업에 대해서 한 질문을 살짝 바꿔서 다시 해 보겠습니다. 10년 뒤 유망한 직업은 무엇일까요?

유망한 직업을 찾으려면 미래 사회에 나타나는 현상과 이에 따른 문제점을 찾아내야 합니다. 당연히 그 문제를 해결해 줄 수 있는 분야가 유망 직업이 될 것입니다. 간단히 생각해도 미래는 노인 인구가 많아집니다. 이로 인해 무슨 문제가 생길까요? 평균 수명이 늘어남에 따라 질병이나 장애를 치료해 줄 의사, 노인 상담이나 복지 전문가, 은퇴 후 생활을 위한 자산관리 전문가, 고령자와 젊은 사람 간의 세대 갈등을 해결하는 관계 전문가의 역할이 점점 더 중요해질 것으로 보고 있습니다. 이렇게 통계는 앞으로 사회가 어떻게 변할지 예측하고 그에 따른 준비를 할 수 있게 도움을 주고 있습니다.

우리나라의 통계청은 현 상황을 파악하고 이에 맞는 정책을 개발하기 위해 인구, 가구, 건강, 교육, 노동, 소득과 소비, 문화와 여가, 주거와 교통, 환경, 안전, 사회 통합 등 45종의 국가 통계를 생산하고 있습니다.

인구 통계의 역사

인구 통계의 자료가 되는 인구주택총조사는 기원전 3,600년경 고대 바빌로니아에서 처음 실시됐습니다. 그런데 인구주택총조사를 실시했다는 기록은 있지만, 조사 결과는 남아 있지 않습니다. 인구주택총조사 결과가 남아 있는 최초의 조사는 기원전 200년경 고대 로마시대입니다. 세금 징수를 위해 조사가 실시됐었고, 지금과 같이 5년에 한 번씩 조사가 이루어졌습니다. 이 조사를 바탕으로 도시국가로 성장하는 데 발판을 만들었습니다. 현대적인 인구주택총조사가 이루어진 것은 17세기 이후였으며, 우리나라는 일제강점기인 1925년 처음 실시하였습니다.

03 세상의 모든 것이 데이터가 된다

통계 이야기   그 친구는 왜 프로야구 선수가 되지 못했을까

세상에는 혼자 너무 많은 것을 가지고 태어난 사람이 있다. 우리 사이에서는 그냥 잘난 놈으로 통한다. 잘난 놈은 뛰어난 두뇌와 월등한 신체 능력을 가졌고, 준수한 외모와 예술적인 감각까지 갖추었다. 무엇하나 부족한 게 없어 보인다. 잘난 놈은 지금까지 실패란 단어를 모르고 지내왔다. 그가 원하는 일은 언제나 이루어졌다.

이런 다재다능한 면 때문에 그 잘난 놈의 행동은 예측 불가능했다. 판사나 의사가 되기를 바랐던 부모의 기대와는 달리 그가 대학에서 선택한 것은 의외로 통계학이었다. 그의 선택은 학교에서 큰 화제가 되었고, 그 당시 잘난 놈을 만나는 사람마다 똑같은 질문을 던졌다.

"왜 통계학을 선택했냐?"

잘난 놈은 토씨 하나 안 틀리고 똑같은 말만 했다.

"세상을 이해하는 데 도움이 될 것 같아서."

어쨌든 그렇게 말했던 잘난 놈이 대학에 들어가서 열심히 한 일은 밴

드의 리드보컬이었다. 학벌 좋고 준수한 외모를 가진 잘난 놈의 상품성을 간파한 기획사들이 그에게 스카우트 제의를 해왔다. 파격적인 제안도 많았다고 한다. 하지만 그 길로 빠지지 않았다. 잘난 놈은 언제나처럼 깊게 빠지지 않고 적당한 수준만 유지했다.

대학교 2학년이 되어 잘난 놈이 갑자기 열심히 한 것이 있었다. 그것은 야구였다. 프로야구 선수가 되겠다고 그때부터 열심히 운동을 했다. 초등학교 때부터 열심히 해도 되기 힘들다던 프로야구 선수를 그동안 공부만 하던 녀석이 한다고 하니 황당할 수밖에 없었다. 하지만 누구도 의심하지는 않았다. 모든 걸 다 가진 잘난 놈이니깐.

녀석의 생각을 동문회에서 들을 수 있었다.

"좀 어려운 것을 해보고 싶었어. 그냥 하기 쉬운 거 말고. 이것저것 해보니 프로야구 선수가 재미있겠더라고. 연봉도 많이 받고, 게임하면서 돈 받는 거잖아. 남들 못 치도록 공을 던지고, 어렵게 들어오는 공을 잘 치기만 하면 되는데, 세상에 이보다 좋은 직업이 어디 있어?"

잘난 놈은 그냥 막연히 시작하지는 않았다.

"난 5할 타자가 되고 싶어. 아니, 5할이 가능하겠더라고. 야구란 결국 투수들이 어떤 공을 던지느냐에 모든 것이 달려 있어. 내가 통계학을 전공했잖아. 야구는 확률의 게임이야. 투수가 어떤 공을 던질지 확률적으로 충분히 계산이 가능해."

잘난 놈은 멍하니 듣고 있는 친구들을 한번 둘러보더니 말했다.

"오, 미안. 내가 좀 더 자세히 설명해 줄게. 예를 들어 선동열 투수가 나왔다고 하면 그 투수가 어떤 상황에서 어떤 코스로 어떤 구질의 공을 던질지 예측이 가능하다는 거지. 모든 데이터는 이미 내 머릿속에 들어 있거든. 지금 수준으로는 90% 이상 예측할 수가 있는데, 중요한 것은 경기를 많이 할수록 내 예측력이 더 정확해진다는 거지. 그만큼 데이터가 쌓이니까 말이야. 95%까지만 올리면 5할 타율은 충분히 가능해. 내 계산은 틀린 적이 없거든."

잘난 놈은 자신의 머리를 가리키며 말했다.

"나의 장점은 바로 이거잖아. 투수들이 무엇을 던질지 거의 다 알아맞힐 수가 있지."

그 자리에 있던 모든 사람들은 잘난 놈이 5할 타자가 충분히 될 가능성이 있다고 여겼다. 몇 년 뒤 취직 준비를 하느라 도서관에서 토익 책을 붙잡고 있던 나에게 뜻밖의 소식이 들려왔다. 잘난 놈이 프로야구 공개 모집에 떨어지고 결국 취업 준비를 한다는 것이었다. 아무리 어릴 때부터 야구를 하지 않았다 하더라도 그의 능력을 볼 때 의외의 결과였다. 그 후 도서관에서 우연히 잘난 놈을 만날 수 있었다. 말을 걸까 말까 무척 망설였지만 호기심만은 남들한테 절대 뒤지지 않는 천성 때문인지 기어이 잘난 놈에게 다가갔다. 잘난 놈은 하늘을 보며 탄식하듯 말을 내뱉었다.

"그동안 야구 경기를 보면서 투수들의 패턴을 다 분석했었지. 일 년 정도 하니 모든 투수들의 공을 95% 가까이 예측이 가능하더라고. 내 생각이 틀렸던 게 아니야. 분명 5할 이상은 가능했지."

잘난 놈은 말을 마치자마자 한숨을 내쉬었다.

"뭐, 출제 경향을 잘못 짚은 거지. 테스트를 보니 2군 투수 한 명이 나와 던지더라고. 얘는 컨트롤이 전혀 안 돼. 그동안 나는 코스에 따라 최적의 스윙 방법을 연구했는데, 뭐가 올지 모르는데 어떻게 해? 하도 답답해서 끝나고 물었지. 프로야구 선수인데 컨트롤이 왜 그러냐고. 그 2군 선수 말이 자기도 자기 손을 떠난 공이 어디로 갈지 모른대. 그래도 말은 잘하더라. 그게 뭐라나, 마구의 일종인 무심 투구래. 무심 투구는 무슨, 무뇌 투구지."

세상에 실패를 모르고 살아왔던, 프로야구에서 5할 이상의 타율을 바라보던 잘난 놈은 결국 2군 투수의 벽을 넘지 못해 프로야구 선수의 꿈을 접어야만 했다.

요즘 4차 산업혁명이 주목 받는 이유가 무엇일까요. 바로 모든 정보 기기에서 쏟아지는 데이터에 있습니다. 이런 데이터는 숫자입니다. 여러분은 숫자라고 하면 머리가 아프겠지만 오히려 사람들은 숫자로 얘기하면 더 잘 이해할 수 있다는 것을 알고 있는지요? 예를 들어 "내가 키가 큰 것 같아." 하고 말하는 친구가 있고 "내 키는 150cm야." 하고 말하는 친구가 있다고 합시다. 누구의 말이 더 쉽게 이해되는지요? 또 다른 예를 들어볼까요? 한 친구는 "나 수학 잘해."라고 말했고 다른 친구는 "나는 수학 시험 보면 늘 95점은 넘어."라고 말했습니다. 누구의 얘기가 더 쉽게 이해가 되는지 느낄 수 있을 것입니다.

통계 이야기는 데이터의 중요성을 얘기하고 있습니다. 잘난 친구는 데이터를 수집하고 그것을 분석해서 정확한 예측을 할 수 있습니다. 그런데 잘난 친구는 자신이 원하는 곳으로 전혀 던질 수 없는 컨트롤이 엉망인 2군 투수를 만났습니다. 당연히 그 데이터를 통해서 예측하는 것이 의미 없이 되어 버렸습니다. 데이터를 무기로 자신만만해하던 잘난 친구의 문제는 무엇일까요? 2군 투수에 대한 데이터가 부족했다는 것입니다.

잘난 친구가 통계를 내기 위해 사용한 1군 투수들의 데이터는 2군 투수들을 이해하는 데 전혀 쓸모가 없었습니다. 2군 투수에 대한 정보를 수집하지 않았던 것입니다.

다시 4차 산업혁명에 대해서 알아봅시다. 오래전에는 풍차, 물레방아처럼 바람이나 물, 동물들의 힘으로 기계를 움직였습니다.

구분	기술	산업	사회
1차 산업혁명 (18세기 후반)	증기기관	기계화(경공업)	산업사회 (분업화, 대중문화 태동)
2차 산업혁명 (20세기 초반)	전기	산업화(중공업)	산업사회 고도화 (대량생산, 대중문화 확산)
3차 산업혁명 (20세기 후반)	컴퓨터	정보화(서비스업)	정보화사회 (다품종 소량생산, 사이버 문화)

출처 : 과학기술정보통신부

그 뒤 제임스 와트가 석탄을 이용해 증기로 움직이는 '증기기관'을 만들면서 산업이 크게 발전하였습니다.

18세기 증기기관(1차 산업혁명)으로 인한 산업혁명을 거쳐 전기(2차 산업혁명), 컴퓨터, 인터넷(3차 산업혁명)이라는 기술 혁신으로 세 차례 혁명적인 산업 변화를 경험하였습니다. 지금은 모두들 4차 산업혁명을 얘기하고 있습니다. 4차 산업혁명의 원료는 바로 데이터입니다. 이 데이터를 기반으로 하여 인공지능, 사물인터넷이란 기술이 주도하는 형태가 될 것입니다.

"삼성은 이제 데이터 회사다."

삼성전자가 4차 산업혁명 시대를 대비하기 위해 하드웨어, 소프트웨어 구분을 넘어 '데이터회사'로 나아가겠다는 지향점을 밝혔다. 20세기가 석유 자원으로 산업혁명이 발생했다면 미래는 데이터가 새로운 석유(Data is new oil)가 되어 신산업혁명의 원동력이 될 것이라는 게 삼성의 판단이다.
-손영권 삼성전자 사장(삼성 CEO 서밋, 2017)

세상의 모든 것이 데이터가 된다

요즘 '빅데이터(Big Data)'라는 말이 많이 등장합니다. 빅데이터는 문자와 영상, 수치 데이터를 다 포함한 말 그대로 엄청나게 많은 정보 속에서 의미 있는 가치를 찾아내고 그 결과를 분석하는 기술을 말합니다. 빅데이터는 산업혁명 시기의 석탄과 석유처럼 새로운 산업을 일으킬 수 있는 자원으로 여겨지고 있습니다. 석탄과 석유를 통해 기계를 움직이고 전기를 생산하여 새로운 산업을 일으킨 것처럼 빅데이터도 이런 역할을 할 것으로 보는 것이죠.

현재 우리의 삶을 살펴봅시다. 많은 장소에 CCTV가 설치되어 있고, 하루에 많은 시간을 인터넷에 접속하고, 스마트폰을 사용합니다. 물건을 살 때나 버스나 지하철을 이용할 때에도 카드나 스마트폰을 사용합니다. 여러분은 느끼지 못하겠지만 우리의 모든 행동은 GPS, 카메라, 인터넷, 카드 사용을 통해 기록되고 있습니다. 앞으로 점점 컴퓨터는 마치 옷처럼 신체의 일부분이 되어 갈 것입니다. 이미 스마트 안경, 스마트 시계, 스마트 신발이 시중에 나와 있습니다. 이런 정보 기기는 모든 것을 데이터화시킵니다. 바로 우리의 모든 삶이 기록되는 라이프로그(life log)의 시대에 접어든 것입니다.

과거에는 이런 데이터를 담아 둘 기술이나 분석할 기술이 없어서 생성과 동시에 대부분 폐기되었습니다. 하지만 정보 기술이 발달하면서 대용량 데이터를 저장하고 분석할 수 있는 기술과 환경이 속속 등장하였고 자연히 이런 대규모 데이터 속에서 유용한 정보를 찾아내는 기술이 개발되고 있습니다. 이러한 발전은 20세기 말 컴퓨터와 인터넷이 발달하면서 시작되었고, 최근 스마트폰 보급이 대중화되면서 더욱 가속화되고 있습니다.

그러면 현재 생산되고 있는 데이터의 양은 얼마나 될까요? 글로벌 정보 솔루션 기업인 EMC에 따르면 지난해 만들어지고 복제된 디지털 정보의 양은 1.8제타바이트(ZB), 즉 1조 9791억 기가바이트(GB)가 넘는다고 합니다. 2012년에 2조 7000억 기가바이트를 넘었고 2020년에 35조 기가바이트에 도달할 것으로 전망하고 있습니다. 1메가바이트(MB)가 한 스푼 정도의 모래라면 35조 기가바이트는 82.5㎡(25평) 아파트 35채에 모래가 10㎝ 깊이로 쌓인 수준이라고 합니다. 그야말로 빅데이터 시대입니다. 이 빅데이터를 우리는 어떻게 활용해야 할까요?

바둑에서 인간을 이긴 AI

인간과 로봇이 싸우면 그 결과는 어떻게 될까요. 오래전부터 사람들은 영화 터미네이터처럼 기계가 인간에게 도전하는 상황을 그리고 있습니다.

1997년 IBM의 인공지능 '딥블루'가 당시 전설적인 체스 챔피언 게리 카스파로프를 이겼습니다. 2011년에는 IBM의 인공지능 왓슨이 미국 텔레비전 퀴즈쇼 '제퍼디!'에서 인간 퀴즈 챔피언들을 이겼습니다. 그 당시에도 많은 사람들은 바둑에서 인간을 이기기는 당장은 어려울 것이라고 말했습니다. 체스는 64칸 안에서 여섯 종류의 말을 정해진 경로를 따라 움직이는 방식인 반면에 바둑은 특정한 위치에서 가능한 움직임이 약 200개에 달한다고 합니다. 바둑은 우주 전체의 원자 숫자보다 더 많은 조합과 배열이 가능할 만큼 복잡하다고 합니다.

그러나 2016년에는 구글 자회사 딥마인드의 인공지능 '알파고'가 이세돌 9단을 4대 1로 이기고, 2017년에는 중국의 구리(古力) 9단에게 전승을 거두고, 이어 9단으로 구성된 다섯 명의 중국 드림팀에게도 승리를 거두었습니다.

이런 알파고의 비밀은 바로 '딥러닝'라는 기술에 있습니다. 딥러닝은 인간의 뇌 신경망을 모방해서 학습이 가능하도록 만든 인공지능 기술입니다. 이세돌 9단과 대결 당시 알파고는 16만 개의 바둑 기보를 통하여 학습을 했다고 합니다. 인간이라면 1천 년이 걸려야 가능한 학습량입니다. 이런 데이터를 바탕으로 알고리즘을 만들고 한 번 둘 때 30~50수 정도의 이길 가능성을 파악한 뒤 그중 가장 이길 가능성이 높은 최고의 한 수를 정합니다. 한 수를 둘 때마다 이길 가능

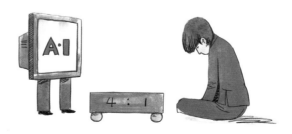

성을 다 계산하여 최적의 수를 찾아내는 것입니다.

　　이렇게 딥러닝의 강점은 학습할 수 있다는 데 있습니다. 즉, 데이터가 많으면 많을수록 더 정교한 알고리즘을 짤 수 있다는 의미입니다.

　　2017년에 새로 시작하는 알파고는 인간의 기보를 학습한 기존과는 달리 스스로 깨우치는 방법으로 접근한다고 합니다. 바둑의 기본 룰을 제외하고는 기보나 정석, 포석 등의 가이드 라인을 전혀 입력하지 않았다고 합니다. 스스로 무작위 착수를 통해서 학습을 하고 이러한 방법으로 8천만 건의 심화 학습을 통해 스스로 답을 찾아 나가는 방식으로 전환한 것입니다. 이렇게 개발된 알파고와 기존 버전의 알파고가 대결을 했습니다. 결과는 새 방식으로 학습한 알파고의 승률이 90%를 기록했습니다. 이 의미는 사람이 쌓아온 바둑에 대한 접근법과 완전히 다른 접근법을 알파고가 깨우쳤다는 의미입니다.

모든 것이 연결되는 세상

　　예전에는 전화로 얘기하거나 사람을 만나 회의를 했습니다. 인터넷이 등장하면서부터는 PC를 통해 서로 대화하고 정보를 교환했습니다. 이제는 스마트폰을 통해 장소에 상관없이 대화를 하거나 정보를 주고받을 수 있습니다.

　　미래에는 주변의 모든 사물과 대화를 할 수 있는 시대가 올 것입니다. 영화에서 보면 주인공이 퇴근해서 집에 오면 주변의 가전제품들이 알아서 작동하는 것을 볼 수 있습니다. 말로 지시를 하면 텔레비전이 켜지고 원하는 정보를 찾아 보여 줍니다. 날씨가 더우면 알아서 에어컨이 켜지고 냉장고는 음식이 상하지 않게 스스로 관리해줍니다. 이동하거나 외출하면 자동으로 불이 켜지고 꺼지며, 출근 뒤에는 로봇 청소기가 청소를 시작합니다.

이렇게 우리 주변의 모든 것, 사람, 자동차, 교량, 전자 기기, 자전거, 안경, 시계, 의류 등이 서로 연결되어 정보를 주고받고 작동합니다. 이 과정에서 자연스럽게 데이터가 쌓임과 동시에 분석이 이루어지고, 이 분석 자료를 다양한 환경에 적용하여 더 발전된 환경으로 만들어 나가게 될 것입니다. 통계는 이런 정보 기술의 발전과 더불어 각광받고 있습니다.

인간은 도구를 사용하여 우리 신체에서 부족한 부분을 보강하여 살아남았고 지구 위에 문명을 이룩하였습니다. 이제 인간은 인공지능이라는 새로운 도구를 만들기 위해 노력하고 있습니다. 알파고가 이세돌 9단을 이긴 후 많은 사람들은 인공지능이 사람의 역할을 대신 할 것이라 염려하고 있습니다. 이런 현상을 두고 미국의 한 언론인은 이렇게 얘기했다고 합니다.

"진짜 위험은 컴퓨터가 사람처럼 생각하는 게 아니라 사람이 컴퓨터처럼 생각하는 것이다."

우리나라 기업들도 인공지능을 앞다투어 도입하고 있습니다. 유통업계는 인공지능을 활용해 고객 데이터를 분석하여 개인별 선호에 따른 상품을 추천할 계획이라고 합니다. 대형 병원들도 의료 데이터 센터를 구축하고 질병 진단과 치료에 인공지능을 적용하고자 준비하고 있습니다. 식품업계는 고객 취향과 트렌드에 맞는 상품 기획에 인공지능을 활용하고 있고, 항공업체는 운항 횟수·거리에 따라 최적의 정비를 제공하고 있습니다. 스마트폰에도 인공지능 비서 기능을 도입하여 외국어 번역, 이메일 관리, 검색에 활용할 계획이라고 합니

탁구를 치는 휴머노이드 로봇 '토피오(TOPIO)'

다. 자율주행 자동차도 이미 시장에 나와 있는 단계에 이르렀습니다. 이렇게 앞으로 모든 산업에 인공지능이 도입될 것으로 예상됩니다.

　　　인공지능의 등장으로 가장 이슈가 되는 부분이 바로 '얼마만큼 사람을 대체할 것인가?' 하는 점입니다. 1차 산업혁명 당시에도 방적기와 방직기 등의 기계가 보급되면서 옷 만드는 기술을 가진 많은 사람들이 일자리를 잃고 공장에서 쫓겨났습니다. 갑자기 실업자가 된 그들은 절망에 빠져 밤마다 가면을 쓰고 공장을 습격해 기계를 부수기도 했답니다.

　　　요즘은 어떤가요? 햄버거 가게에 가면 주문을 자판기에 합니다. 운전자가 필요 없는 자율주행 자동차도 나왔고, 공장에서는 로봇이 제품을 조립하고 있습니다.

　　　인간의 뇌는 불완전합니다. 학생들은 수업 시간에 들은 내용을 다음 해에 5%밖에 기억하지 못한다고 합니다. 일반화, 다양한 편향, 수많은 편견, 기억 왜곡을 가지고 있는 사람의 뇌는 오류 기계입니다. 그렇다고 해서 우리는 좌절해야 할까요? 아닙니다. 인간은 다음 상황을 예상하는 비상한 능력이 있습니다. 컴퓨터는 그렇지 못합니다. 데이터를 분석하고 확장하는 일은 인공지능이 훨씬 빠릅니다.

　　　이제 사람은 '이해(Comprehension)'가 필요한 일을 해야 합니다. 정재승 카이스트 교수는 "비판적 사고로 기존의 데이터에 반하는 일을 하는 것은 인간의 영역"임을 강조했습니다. 10년 뒤 현재의 많은 직업이 사라질 것은 불을 보듯 뻔합니다. 하지만 새로운 직업들도 많이 탄생할 것입니다. 그런 환경에 잘 대비하는 것이 필요합니다. 기계가 잘할 수 있는 일과 인간이 잘할 수 있는 일은 다르니까요.

3장

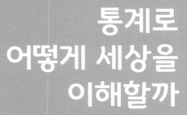

통계로
어떻게 세상을
이해할까

통계는 세상을 그리는 화가

(01)

통계 이야기   동물원에 지구를 어떻게 옮겨놓을까

지구로부터 260만 광년 떨어진 인드로메다 행성의 통치자는 커다란 꿈에 부풀어 있었다. 거대한 몸에 조그마한 달팽이 모양의 머리를 가진 이 통치자는 자신들이 우주의 지배자라는 것을 증명할 위대한 프로젝트를 준비 중이었다. 통치자가 생각해 낸 것은 우주 동물원이었다. 우주 동물원이야말로 자신들이 우주를 지배하고 있다는 상징이 될 것이라 여긴 것이다. 우주 동물원을 준비하면서 통치자는 자신의 똑똑함을 뽐내고 싶어졌다. 통치자는 전 우주로 보낼 사냥꾼을 뽑아 명령을 내렸다.

"우주에 있는 모든 행성으로 가서 그곳에서 가장 대표적인 생물 한 쌍씩을 포획해 오너라."

지구로 가는 우주선 RUN 0호의 선장은 엘리였다. 엘리는 가장 가고 싶었던 지구를 자기가 맡게 된 것이 기뻤다. 엘리가 준비한 비장의 무기는 바로 줄자였다. 줄자로 지구에 있는 사람들의 모든 것을 잴 작정이었다. 그렇게 얻은 수치를 산술적으로 평균을 내 각 부위가 이 평균값에 가장 근접한 사람을 포획하기로 했다. 엘리는 아직도 고민하고 있는 다른 사냥꾼들을 비웃으며 긴 우주여행을 떠났다.

엘리는 지구에 도착하자마자 사람들을 납치해서 한 사람씩 신체의 모든 부위를 재었다. 엘리는 확신에 찬 듯 소리쳤다.

"많이 조사할수록 더 정확한 자료가 된다. 지나가는 놈들을 무조건 잡아들여라."

엘리는 이리저리 옮겨 다니며 사람들을 마구 잡아들였다. 그러던 어느 날 부하 한 명이 허겁지겁 달려왔다.

"큰일났습니다! 대장, 지금까지는 피부가 노란색이었는데, 피부가 하얀 놈이 잡혀왔습니다. 이건 줄자로 어떻게 재는지 몰라서….."

엘리는 피식 웃으며 말했다.

"돌연변이니 무시해라."

다음 날 피부가 하얀 사람들이 한 무더기 잡혀왔다. 엘리는 조금 심각한 표정으로 겨우 입을 열었다.

"에러다. 지금 표본 수집이 잘못되고 있는 거야. 자리를 멀리 옮기자."

이번에는 아주 멀리 떨어진 곳으로 날아가 사람들을 잡아들였다. 그런데 또다시 문제가 발생했다. 잡혀온 사람들의 피부가 모두 검은색이었다.

신체 크기는 줄자로 재어서 대표적인 지구인을 찾아낼 수 있을 것 같았지만 피부색은 어떤 인종이 지구를 대표할 수 있는지 아무리 생각해도 알 수가 없었다.

엘리는 더 이상 자신이 이 문제를 해결할 수 없음을 깨닫고 인드로메다 행성에 있는 대장에게 연락을 했다. 곧 인드로메다 행성에서는 화상 대책 회의가 열렸다. 잔뜩 인상을 찡그린 나이 많은 원로가 그것 보라는 듯 탁자를 두드리면서 소리쳤다.

"나에게 아무것도 묻지 않더니 꼴좋다. 세상을 왜 그렇게 단순하게 보는 거야? 변수를 대할 때 가장 먼저 할 일이 뭐야? 바로 그것이 어떤 종류인지 알아야 하는 거야. 세상은 크게 두 가지 변수로 되어 있어. 줄자로 잴 수 있는 양적인 변수와 줄자로 잴 수 없는 질적인 변수가 있지. 그런 것도 고려하지 않고 줄자 하나로 모든 것을 해결하려고 했으니. 쯧쯧쯧."

원로의 호통에 엘리는 고개를 숙이고 아무 말도 하지 못했다.

엘리는 기어들어가는 목소리로 조심스럽게 말을 꺼냈다.

"지구를 대표하는 인간을 어떻게 찾는지 알려 주십시오."

원로는 심각한 표정으로 나직이 말했다.

"방법은 딱 한 가지야. 인간을 멸종시켜. 옛날에도 말이야, 지구에 줄자를 가져갔는

잴 수 없으면
없애 버려!

데 공룡인가 뭔가 하는 놈이 하도 덩치가 커서 잴 수가 없지 뭐야. 그래서 멸종시켰지."

　　　"우리가 보는 모든 것은 흩어지고 사라지지. 자연은 항상 그대로지만 외양은 늘 바뀐단 말일세. 그러니까 우리 예술가들의 임무는 다양한 요소와 늘 바뀌는 외양을 가졌으면서도 여전히 그대로인 자연의 영원함, 그 신비로움을 꽉 붙잡는 것이라네. 그림이란 모름지기 그 자연의 영원함을 맛볼 수 있도록 해줘야 해."

　　　이 말은 현대미술의 아버지로 불리는 폴 세잔이 한 말입니다. 세잔은 사물을 볼 때 그 본질을 보기 위해 한 가지 대상을 붙들고 몇 달씩 관찰했다고 합니다.
　　　"나는 사과를 그린 시간보다 사과를 들여다보고 있었던 시간이 훨씬 많았다."
　　　이것도 세잔이 한 말입니다. 관찰이란 표면을 보는 것이 아닌 사물을 이해한다는 것이고, 그 이해를 바탕으로 대상에서 특징을 추출해 내어 표현하는 것입니다.
　　　세잔은 하나의 눈이 아니라 두 개의 눈으로 보는 세계가 진실이라고 믿었습니다. 그래서 왼쪽 눈을 감고 오른쪽 눈으로 보는 세계와 반대의 방식으로 보는 세계를 같이 평면에 구성하였습니다.

「사과 바구니」, 폴 세잔, 1890-1894

「카드놀이 하는 사람들」, 폴 세잔, 1892-1895

세잔의 「사과 바구니」에서 탁자, 사과를 차근차근 살펴보면 모양들이 이상하다는 것을 알 수 있습니다. 그림자도 제각각이고 탁자도 불안하게 서 있고, 병은 기울어져 있고 사과는 금방 탁자 아래로 굴러떨어질 것 같습니다. 이렇듯 불안정한 구도로 그린 이유는 한 시점에 고정되어 그린 것이 아니라 각각의 정물마다 다른 시점에서 그림을 그려 완성했기 때문입니다. 항아리와 굽이 달린 과일 그릇은 옆에서, 앞의 과일 접시는 위에서 내려다보는 시점입니다.

또한 세잔은 사물마다 본질적인 구조를 가지고 있는데, 모든 사물의 모양은 삼각형과 사각형, 원으로 이루어져 있다고 생각했습니다. 그래서 사물의 형태를 원기둥과 구, 뿔로 표현하였습니다.

이런 세잔에게 영향을 받은 유명한 화가가 있습니다. 바로 피카소입니다. 피카소는 사물의 본질을 표현하기 위해 불필요한 것들을 제거하여 기본적인 형태를 찾고자 노력했습니다. 본질은 이런 단순화시키는 과정에서 얻어진다고 생각한 것입니다. 또 피카소는 세잔의 영향을 받아 사물을 위, 아래, 좌우, 앞뒤 여섯 면을 동시에 한 평면에 표현하기도 하였습니다. 추상화를 그리는 화가들은 사물의 본질을 파악하여 도형과 색으로 표현하기도 했습니다. 몬드리안의 그림이 추상화로 어떻게 발전하는지 살펴보세요.

이렇듯 사물의 본질을 파악하는 작업은 신석기 시대에서도 찾아볼 수 있습니다. 부산 박물관에 신석기 시대 토기 조각이 전시되어 있습니다. 마치 어린아이 같은 그림입니다. 그런데 이 그림을 보고 사슴이라고 제목을 달아 놓았습니다.

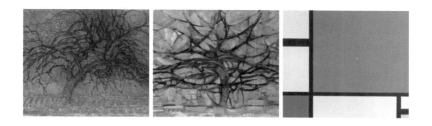

「붉은 나무」, 피에트 몬드리안, 1908
「회색 나무」, 피에트 몬드리안, 1911
「빨강, 파랑, 노랑의 구성」, 피에트 몬드리안, 1930

부산 동삼동 패총에서 발굴된 사슴 무늬 토기

저는 한참 동안 그림을 보면서 선사시대 사람이 전하는 메시지를 어떻게 현대의 사람들이 해석할 수 있을까 하는 생각이 들었습니다. 그것은 선사시대에 이 그림을 그린 사람이 사슴의 본질을 잘 표현했기 때문이라는 생각이 듭니다.

통계는 대상의 본질을 파악하기 위한 노력이다

데이터를 볼 때 우리는 제일 먼저 무엇을 보아야 할까요? 이 데이터로 어떻게 우리가 알고자 하는 대상의 본질을 파악할 수 있을까 하는 것입니다. 우리가 대상을 이해하기 위한 가장 효과적인 방법은 대상을 단순화시키는 것입니다. 수많은 데이터가 있지만 그것을 단 하나의 숫자로 표현하면 전체를 파악하기가 훨씬 쉽습니다. 이런 값을 통계에서는 대푯값이라고도 부릅니다.

저는 대푯값을 생각하면 삼국지가 떠오릅니다. 전투에 앞서 적군을 파악할 때 언제나 누가 이끄는 군대인가에 대한 이야기가 나옵니다. 그 군대를 이끄는 장수가 누구인지 알면 그 군대의 특성을 어느 정도 파악할 수가 있습니다. 상대방의 장수가 여포인지, 장비인지, 조조인지에 따라 싸우는 스타일이나 방법이 머리에 그려집니다.

다시 통계로 돌아가 봅시다. 통계는 어떻게 대푯값을 찾아 전체를 파악할 수 있을까요?

콩쥐의 예를 들어보겠습니다. 팥쥐 엄마는 콩쥐에게 항아리에 물을 가득 채우라고 시키고 건넛마을 잔칫집에 갔습니다. 콩쥐는 우물에서 물을 길러 커다란 항아리에 부었습니다. 그때 옆에 두꺼비가 나타나서 묻습니다. "콩쥐야, 너는 우물에서 한 번에 물을 얼마큼 담아서 나르니?" 콩쥐는 물을 담을 때마다 조금씩 차이가 난다고 말합니다. 그때 콩쥐에게 좋은 생각이 났습니다. 지금까지 다섯 번 물을 부었으니 그릇 다섯 개를 준비한 다음에 똑같이 물을 나누어 담았습니다. 그러고는 두꺼비한테 자신 있게 말할 수 있었습니다. "이 그릇 하나에 담겨진 물만큼 담는다고 할 수 있어." 이것이 바로 평균의 개념입니다. 이 평균을 대푯값으로 가장 많이 활용합니다.

그때 옆집에 사는 돌쇠가 콩쥐를 보고 불쌍한 생각이 들었습니다. 그래서 큰 그릇에 물을 가득 담아 항아리에 부었습니다. 단번에 항아리에 물이 가득 차올랐습니다.

저녁 늦게 팥쥐 엄마가 집에 돌아왔습니다.

"콩쥐야, 물을 다 채웠구나. 너는 우물에서 한 번에 물을 얼마큼 담아서 날랐니?"

콩쥐는 여섯 개의 그릇에 똑같이 나누었습니다. 팥쥐 엄마는 그릇을 자세히 살펴보더니 말했습니다.

"콩쥐야, 이 그릇을 들어서 저기로 옮겨 보렴."

콩쥐는 그릇을 들어서 옮기다가 넘어져 쏟고 말았습니다. 한 그릇에 담긴 물은 콩쥐가 들기에 너무 무거웠습니다. 바로 돌쇠가 물 나르는 것을 도와주었기 때문입니다. 바로 평균의 위험성입니다. 특정 데이터에 영향을 많이 받을 수 있기 때문에 분포 형태나 중앙값, 최빈

값을 같이 살펴보는 것이 좋습니다.

　　중앙값은 콩쥐가 길러온 그릇을 그대로 양이 많은 순서대로 배열합니다. 그중에 중간에 있는 물의 양을 나타냅니다. 최빈수는 가장 많이 나타난 수를 나타냅니다.

항아리
구멍났더먼

지금 보이는 것은 순간일 뿐 본질은 아니다

"지금 보이는 것은 순간일 뿐 본질이 아니다."

　　인상파 화가들은 사물이 태양빛에 따라 여러 가지 색을 보인다는 사실에 주목했습니다. 그래서 태양빛에 따라 자연의 사물들은 변화하는 것이라 주장하며, 세상의 겉모습을 눈에 전달해 주는 '빛'을 그렸습니다. 물체가 본래 가지고 있는 것으로 여겨졌던 고유색이라는 것은 기억과 관습이 만든 편견일 뿐이고, 본 대상의 색채는 빛과 대기, 주변 색에 의해 매순간 새로 만들어지는 것이라고 여긴 것입니다. 모네의 「수련」은 이런 자연의 성질을 가장 잘 표현한 그림 중 하나입니

「수련과 일본식 다리」 시리즈, 클로드 모네

다. 모네가 수련을 그린 저 연못의 본질은 변화가 있을까요?

제가 어릴 때 사용했던 크레용 세트에는 하늘색과 나무색이라는 크레용이 있었습니다. 그래서 나무를 그릴 때 나무색으로 줄기를, 초록색으로 잎을 칠했습니다. 하늘색으로는 하늘을 칠했지요. 나중에 깨닫게 된 사실이지만 이 세상의 모든 나무와 하늘은 그렇게 하나의 색으로 표현될 수 없습니다. 사람들마다 개성이 있듯 나무들마다 고유의 모양과 색을 가지고 있습니다.

우리는 세상을 '측정'이라는 방법을 통해 알아간다고 앞에서 배웠습니다. 그리고 그런 측정을 통해 대푯값을 구하고 그 본질을 파악한다고 배웠습니다.

모네의 연못을 생각해 봅시다. 연못은 그대로 있지만 한낮 정오와 한밤중의 연못, 한여름의 연못, 한겨울의 연못은 분명 다른 모습을 하고 있을 것입니다. 이럴 때 여러분은 어느 모습이 연못의 본질이라고 생각하는지요?

오차를 관리하는 통계

통계 데이터는 알고자 하는 대상의 순간을 수치로 표현한 것입니다. 우리의 몸무게는 항상 일정할까요? 아니면 잴 때마다 차이가 날까요? 아마 밥 먹고 난 후나 화장실에 갔다 온 후, 목욕을 한 후에 재면 차이가 날 것입니다. 또 저울에 오류가 생겼을 수도 있고 잘못 볼 수도 있습니다.

이렇게 측정을 하면 오차가 생깁니다. 이런 이유로 통계는 '오차를 어떻게 관리하느냐' 하는 개념으로 발달하게 됩니다. 0이라는 숫자가 있다고 할 때 수학과 통계는 0을 이렇게 바라봅니다.

수학적 개념 : 0
통계적 개념 : 0 + 오차

통계는 자연을 관찰하고 그 관찰된 결과를 통해 지식을 찾는 방법이라고 할 수 있습니다. 정확한 자신의 몸무게를 어떻게 알 수 있을까요? 결국 언제 재는가에 따라 달라진다면 우리는 몸무게를 수십 번 재어서 그 데이터에서 평균값을 얻으면 됩니다. 그리고 분산과 표준편차를 통하여 그 평균값이 얼마나 대표할 수 있는지 파악할 수 있습니다. 여러분이 평균과 분산(표준편차)을 배우는 이유가 바로 이런 이유 때문입니다.

즉, 자료가 평균에서 얼마나 흩어져 있는지를 살펴보면 평균이 얼마나 자료를 잘 대표하는지 파악할 수 있습니다. 통계에서는 평균에서 얼마나 흩어져 있는가를 나타내기 위해서 '분산'이라는 값을 사용합니다. 이 값의 의미는 자료들이 얼마나 평균에 가까이 집중되어 있는가를 말해 줍니다.

자, 통계가 오차를 관리한다는 개념이 어떤 것인지 이해가 되었나요? 이 말이 정말 매력적인 개념이라는 것을 여러분이 이 책을 통해 꼭 알았으면 좋겠습니다.

원인과 결과의 관계를 알면 원하는 결과를 얻을 수 있다

구석기 시대 사람들은 동굴에 벽화를 그리거나 작은 뼈나 돌 조각, 짐승의 뿔 따위로 조각상을 만들었습니다. 이들의 미술은 풍요를 기원하는 주술이 목적이었습니다.

1909년 오스트리아의 빌렌도르프에서 발견된 구석기 시대의 유물인 「빌렌도르프의 비너스」는 '풍요와 다산'을 기원하는 주술적 부

「빌렌도르프의 비너스」와 라스코 동굴 벽화 중 일부

적이라고 여겨집니다.

라스코 지방이나 알타미라 등지의 동굴에서도 벽화들이 발견되었습니다. 이들 동굴에는 주로 들소나 사슴 따위의 동물이 그려져 있습니다. 자신이 원하는 짐승들이 창에 맞는 모습을 그려 놓으면 사냥감의 영혼을 빼앗는다고 믿었기 때문입니다. 이렇게 특정한 행위를 통하여 복이나 안전을 기원하는 행위는 지금도 계속되고 있습니다.

우리는 어떤 행위가 특정한 결과를 불러온다고 믿습니다. 그래서 자연에서 어떤 특정한 관계나 패턴을 알아내어 활용하고자 하는 노력을 해 왔습니다.

통계에서도 가장 중요한 분석이 원인과 결과의 관계를 알아내는 것입니다. 원인과 결과의 관계를 알면 원인이 되는 요인을 변화시켜 원하는 결과가 일어나도록 할 수 있기 때문입니다. 통계를 통해서 사람들이 가장 알고 싶어 하는 부분이 바로 이런 관계를 파악하고 분석하는 것입니다.

예를 들어 볼까요? 여러분 나이에는 이런 고민을 많이 할 것입니다.

"어떻게 하면 성적을 올릴 수 있을까?"

원하는 결과를 얻고자 할 때 여러분은 문제를 어떤 방식으로 해결하나요? 성적을 올리는 방법에 대해 먼저 단계별로 확인해 봅시다.

성적을 올리는 방법

1단계 : 성적에 영향을 주는 변수들을 검토해 본다. 게임 시간, TV 시청 시간, 잠
　　　　자는 시간, 운동 시간, 공부 방법, 학원 여부, 용돈 액수….
2단계 : 성적이 높은 학생과 성적이 낮은 학생들을 대상으로 조사를 수
　　　　행한다.
3단계 : 어떤 요인이 성적에 많이 영향을 주는지 분석한다. 즉, 성적
　　　　이 높은 학생과 낮은 학생들 간에 어떤 점이 차이가 나는지
　　　　살펴본다.
4단계 : 성적과 관계가 높은 요인을 파악한다.

　　　　사람이 느끼는 맛도 통계적으로 알아낼 수 있을
까요? 여러분은 와인의 맛에 대해 평가하는 사람에 대해 들
어 본 적이 있을 것입니다. 그만큼 와인의 맛은 다양합니다. 잘 훈련
된 전문가만이 그 맛을 평가하고 알아낼 수가 있죠.
　　　　올리 아센펠터는 무엇이 훌륭한 와인과 그저 그런 와인을 결
정하는지에 대해 알고 싶어 했습니다. 그는 통계를 이용하여 분석하
였습니다. 통계를 이용하여 어떤 특성이 경매가와 연관되는지 분석한
것입니다. 맛이 좋을수록 당연히 경매가가 높아질 것이기 때문입니다.
그렇게 해서 맛의 공식을 만들어 냈습니다.

　　　　와인의 맛=12.145+(0.00117×겨울철 강수량)+(0.0614×재배철
의 평균기온)−(0.00386×수확기 강수량)

이 수식을 통해 보면 수확기의 강수량이 적고, 재배철의 기온이 높고, 겨울철 강수량이 높을수록 좋은 와인이 생산된다는 사실을 알 수가 있습니다. 따라서 그 해 온도와 강수량을 안다면 와인의 품질을 미리 예측할 수 있을 것입니다.

와인의 맛을 수학적 공식으로 만들어 내다니 정말 놀랍지 않나요? 여기에 통계가 효과적으로 쓰였다니 더 놀랍고요.

일부분으로 전체를 알 수 있다

『걸리버 여행기』에 보면 소인국 사람들이 걸리버에게 옷을 만들어 준 방법이 나옵니다.

「쥬라기 공원」이라는 영화를 보면 호박 속에 든 모기를 통해 과거 공룡을 복원해 냅니다. 모기가 빨아 먹은 피 한 방울로 멸종해 버린 공룡을 복원해 내는 것입니다.

이처럼 우리는 어떤 대상을 알기 위해 많은 노력을 기울이지만 전체를 파악하는 것은 매우 어려운 경우가 많습니다. 예를 들어 공장에서 생산하는 제품에서 불량품이 얼마나 있는지 확인하려고 전체 제품을 조사하는 것은 불가능에 가깝습니다. 조사 시간이나 비용도 많이 들지만 검사한 제품을 다시 판매하는 것이 어려운 경우가 많기 때문입니다. 이런 경우 일부분을 통해서 전체를 파악하는 것이 효율적입니다. 즉, 생산된 제품을 일부만 뽑아서 검사하여 그날 하루 생산된 제품의 상태를 파악하는 방법입니다.

통계에서도 가장 중요하게 다루는 분야가 바로 추정입니다. 우리가 알고자 하는 대상을 우리가 정확히 아는 것은 불가능합니다. 예를 들어 우리나라 국민이 어떤 음식을 좋아하는지 궁금하다면 우리나라 사람 전체를 찾아다니며 무슨 음식을 좋아하는지 물어야 합니다. 하지만 그것은 불가능합니다. 그래서 전체를 대표할 수 있는 표본 조사를 통해 우리나라 전체 사람들의 성향을 추정합니다.

이렇듯 통계의 가장 큰 힘은 바로 '추정'에 있습니다. 즉, 알고자 하는 대상의 일부분의 자료를 수집하여 대상의 본질을 파악하는 데 그 목적이 있습니다.

재봉사들이 땅에 누워 있는 내 몸의 크기를 재기 시작했다. 한 명은 내 목에 그리고 다른 한 명은 내 다리 가운데에 서서 튼튼한 끈의 양 끝을 잡고 있었다. 세 번째 재봉사는 1인치짜리 자로 그 끈의 길이를 쟀다. 그리고 그들은 내 오른쪽 엄지손가락의 둘레만을 재고 계산을 했다. '엄지 둘레의 두 배는 팔목의 둘레, 팔목 둘레의 두 배는 목의 둘레, 목 둘레의 두 배는 허리의 둘레!' 이런 식으로 목의 둘레와 허리의 둘레까지 계산했다. 나는 땅에 누워 내가 입던 셔츠의 모양까지 그들에게 보여 주었다. 그 덕분에 셔츠는 나에게 딱 맞았다.

-조나단 스위프트, 『걸리버 여행기』

02 판단하고 싶으면 비교하라

통계 이야기 가장 공정한 경기 방식

인간과 여러 동물들이 지구에서 자신들의 영역을 지키며 평화롭게 살
아가던 세상이 있었다. 동물들도 인간과 비슷하게 지능이 발달해왔
던 것이다.

평화로운 지구를 유지하기 위해 지구를 대표하는 대통령으로 사슴 레
오가 선출되었다. 레오 대통령은 지구 평화를 위하여 전 세계 축제를
마련하고 싶었다. 그리하여 세계적으로 가장 공정한 경기가 무엇인지
고민하다가 농구 경기를 하기로 마음먹었다. 농구에서는 키가 큰 선수
가 유리하다. 그래서 참가 선수들의 키의 평균이 모두 같다면 가장 공
정한 경기가 될 것이라고 확신하였다.

레오 대통령은 엄청난 상금을 걸고 전 세계 농구 대회를 한다고 공표
하였다. 지구촌은 농구 경기 얘기로 뜨거워졌다. 기자단은 전 세계의
팀 중에서 우승 예상 후보를 선정하였고 그 결과를 발표하였다.

우승 후보 1. 기린 팀

기린 팀은 중앙센터를 강화하는 전략을 세웠다. 세계에서 가장 키가 큰 기린이 센터를 맡았기 때문에 기린 팀은 농구 경기에서 가장 우위에 있다. 키 큰 기린에게 공이 전달되면 세계의 농구팬은 멋진 덩크슛을 볼 수 있을 것이다.

우승 후보 2. 치타 팀

치타의 최고 달리기 속도는 130km/h이다. 날쌘 5마리 치타가 한 팀을 구성하였다. 치타 팀은 이런 스피드를 활용하여 가로채기나 빠른 공격으로 나올 것으로 예상된다. 상대팀이 하프라인을 넘어오기도 전에 치타 팀은 골대 밑에 자리하고 있을 것이다.

우승 후보 3. 티라노사우루스 팀

강력한 파워을 자랑하는 티라노사우루스 팀이다. 농구는 몸싸움이 심한 경기로 티라노사우루스와 조금만 스쳐도 다른 동물들은 쓰러질 것이다. 몸싸움에서 지면 경기를 지배할 수가 없다. 그런 점에서 티라노사우루스가 당연히 경기를 지배하며 우승을 향해 나아갈 것이다.

우승 후보 4. 인간 팀

인간 팀은 슛의 정확도를 높이기 위해 최고의 슈터들로 선수들을 구성하였다. 농구는 공을 던져 골대 안에 집어넣는 경기다. 아무리 빠르고, 키가 크고, 몸싸움을 잘해도 슛 성공률이 떨어진다면 경기를 지배할 수 없다. 이런 면에서 인간 팀은 최고의 슈팅력을 선보일 것이다.

지역별 예선을 거쳐 16강 경기가 치러졌다. 딱따구리 아나운서는 흥분된 목소리로 16강 결과를 발표했다.

"오늘 전 세계 농구 대회 16강 경기가 있었습니다. 그런데 당초 우승 후보로 거론되었던 기린 팀이 탈락했습니다. 충격이 아닐 수 없는데요, 이런 이변이 일어난 이유는 어디에 있다고 보십니까?"

앵무새 해설가는 자신이 적어 온 경기결과를 살펴보면서 "이번 대회의 규정은 모든 팀이 같은 평균 키를 갖도록 규정하고 있습니다. 센터를 맡은 기린의 키가 크니 다른 멤버들은 모두 키가 작은 멤버로 구성할 수밖에 없었습니다. 쉽게 설명드리면 팀 구성원 한 명이 손가락이었다면 다른 네 명은 발가락이었던 셈이지요."

딱따구리는 자신의 양말을 벗어 발가락에 손가락을 대어보며 말했다.

"아 그렇군요. 평균을 맞추자니 한 명이 키가 크면 다른 네 명은 키가 작아질 수밖에 없네요."

다음날 딱따구리 아나운서가 8강 대회 결과를 발표했다.

"오늘 8강 대회가 있었습니다. 오늘도 이변이 일어나고 말았습니다. 절대 질 것 같지 않았던 치타 팀이 8강의 벽을 넘지 못했습니다. 오늘의 치타 경기를 어떻게 보셨는지요?"

앵무새 해설가는 치타의 경기 기록을 살펴보며 말했다.

"치타 팀의 장점은 스피드입니다. 그런데 치타가 원래 지구력이 약하거든요. 초반에 빠른 스피드로 점수를 쌓아갔지만 시간이 지날수록 뛰지를 못하더군요. 경기가 끝나갈 무렵에는 완전 거북이던데요. 바닥에 기어다니는 치타를 보셨어야 했는데요. 와하하하."

딱따구리도 낄낄 웃으며 말을 받았다.

"아 농구 코트 바닥을 아주 깨끗하게 청소했다고 하네요. 치타 선수 여러분, 청소까지 해주셔서 감사드립니다. 아, 방금 4강 대회 소식이 전해져 왔습니다."

딱따구리 아나운서는 4강 대회 결과를 발표했다.

"방금 4강 대회 결과가 나왔는데요. 코트의 무법자 티라노사우루스 팀이 무너졌습니다. 살짝 스치기만 해도 상대 팀 선수를 중상으로 만들 것 같던 티라노사우루스 팀이 왜 4강에서 무너졌나요?"

앵무새 해설가는 주변에 티라노사우루스가 있는지 이리저리 살폈다.

"티라노사우루스의 공포감은 대단했습니다. 뛰어다니면 다른 팀이 얼어붙어 버렸죠. 그런데 티라노사우루스는 치명적인 약점을 안고 있었습니다. 티라노사우루스의 팔을 보셨나요? 농구공 잡기도 힘들어 보이더군요."

이놈의
존재감이란!

딱따구리는 티라노사우루스의 앞발을 흉내 내면서 알겠다는 듯 고개를 끄덕였다.

드디어 결승전. 딱따구리 아나운서는 결승전 결과를 발표했다.

"오늘 드디어 제1회 전 세계 농구 대회의 승자가 결정되었습니다. 승자는 바로 긴팔원숭이 팀이었습니다. 인간 팀이 왜 긴팔원숭이 팀한테 졌는지요?"

앵무새 해설가는 카메라 각도를 보면서 폼을 이리저리 잡아보더니 중계를 이어나갔다.

"긴팔원숭이 팀은 아무도 주목하지 못했는데요, 오늘 보니 대단하더라고요. 특히 팔을 올리니 골대보다 더 높더군요. 팔 길이가 키보다 더 길어요. 한마디로 키를 평균으로 한 대회 규정이 우습게 되었습니다. 내년에는 키와 팔 길이를 같이 고려해야 할 것 같습니다."

"아 그렇군요. 그럼 강력한 우승 후보였던 인간 팀은 왜 그렇게 허무하게 무너졌을까요?"

"득점력이 우수한 멤버들로만 구성을 했어요. 그러다 보니 협력 플레이가 되지 못했어요. 공을 잡으면 슛부터 하더군요. 농구는 득점력 하나만으로 이루어지는 게 아니에요. 득점, 리바운드, 가로채기, 어시스트, 블로킹 능력이 조화를 이뤄야 하지요."

딱따구리 아나운서는 알았다는 듯 고개를 끄덕였다.

"인간 팀은 득점왕 욕심에 협력을 하지 못한 거군요. 긴팔원숭이 팀, 올해 우승을 다시 한번 축하드립니다."

통계를 활용하는 제일 큰 이유는 바로 분석을 하고 판단을 하기 위해서입니다. 통계 이야기에서처럼 우리는 평균값 하나로 모든 것을 판단해 버리는 일이 많습니다. 앞 장에서 이야기한 것처럼 전체적인 상황을 파악해야만 제대로 판단을 내릴 수 있습니다.

하지만 대상을 아무리 열심히 분석하고 파악한다고 해도 우리가 판단을 내리기 위해서는 어떤 기준이나 비교 대상이 있어야 합니다. 이러한 상황은 로빈슨 크루소 이야기에서 잘 나타나 있습니다.

로빈슨 크루소는 배가 난파되어 무인도에 15년간 홀로 살아가고 있었습니다. 어느 날 로빈슨은 바닷가에서 사람의 발자국을 발견했습니다. '내 발자국일까, 아니면 나처럼 난파된 사람? 야만인? 해적?' 로빈슨은 사흘 낮밤을 고민했습니다. 그러고는 마침내 방법을 찾아냈지요. 그 발자국에 자신의 발을 대어 본 것입니다. 발자국은 로빈슨의 발보다 훨씬 컸습니다. 이렇게 비교를 해 본 뒤에야 로빈슨은 이 섬에 자기 말고 다른 사람이 있다는 것을 알 수 있었습니다.

분석은 비교다

여러분이 할아버지 과수원에서 키우고 있는 사과의 당도를 조사해 평균 70이라는 값을 얻었다고 해봅시다. 여러분이 친구들에게 이 사과의 당도는 70이라고 얘기하면 친구들은 이렇게 말할 것입니다.

"그래서 그 사과가 맛있다는 거야, 맛없다는 거야?"

'당도가 70'이라는 단순한 정보만으로는 우리는 그 사과의 맛에 대해서 어떤 판단을 내리기가 쉽지 않습니다. 어떤 대상에 대해 파악하고자 할 때에는 비교를 해야 알 수가 있습니다.

"올해 사과의 평균 당도가 50인데 이 사과의 당도는 70이다."라고 말했다고 하면 여러분은 어떤 생각이 드나요? 이 말을 듣는 순간 바로 '아, 이 사과가 맛있겠구나.' 하는 생각이 들었을 겁니다.

"남자는 당도가 40인 사과를 좋아하고, 여자는 당도가 70인 사과를 더 좋아한다."는 말을 듣는다면 여러분은 바로 여자는 당도가 높은 사과를 더 좋아한다고 생각할 것입니다. 이렇듯 통계 분석은 기본적으로 비교의 과정입니다. 우리가 무엇에 대해 이해하고 주장하려고 한다면 이런 비교의 과정을 거쳐야 합니다.

판단하기 전에 용어의 정의를 살펴라

무엇을 비교 판단하기 전에는 두 개의 용어의 정의부터 살펴보아야 합니다. 실업률이 얼마인지 알아볼 때 우리는 전체 몇 퍼센트 정도가 직장을 못 구하고 있는지를 인식합니다. 그러나 통계청에서 실업률을 계산할 때는 좀 더 복잡한 방법으로 계산합니다. 통계청에서는 실업자를 "만 15세 인구 중 조사대상 주간에 수입 있는 일을 하지 않았고, 지난 4주간 일자리를 찾아 적극적으로 구직 활동을 하였던 사람으로서 일자리가 주어지면 즉시 취업이 가능한 자"로 정의하고 있습니다. 수입을 목적으로 1시간 이상 일하면 취업자로 분류됩니다. 만약 일을 하지 않더라도 구직할 의사가 없어 아무런 취업 활동을 하지 않았다면 비경제활동 인구로 실업률에 포함되지 않습니다. 이렇듯 용어 정의를 확인하지 않으면 잘못 이해할 수밖에 없습니다.

비교의 대상은 여러 가지가 될 수 있습니다.

– 사과 당도에 따라 좋아하는 사과가 남녀별로 차이가 날까?

– 사과 당도가 지역별 과수원에 따라 차이가 날까?

– 사과 당도에 따라 좋아하는 사과가 연령별로 차이가 날까?

– 사과 당도가 매년 어떻게 변하고 있을까?

– 우리 지역에서 생산된 사과 중에서 당도 50을 넘는 사과
  는 얼마나 될까?

– 여름 평균 온도는 사과 당도에 얼마나 영향을 줄까?

같은 사과를 놓고도 여러분은 이런 궁금증을 가질 수 있습니
다. 이것에 대해서 알려면 어떻게 통계 분석을 해야 할까요?
통계 그래프는 이런 비교 분석을 하는데 아
주 유용하게 활용되고 있습니다.

• 변수별 비교 : 막대그래프, 히스토그램

• 시간별 비교 : 꺾은선그래프

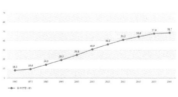

변수별 비교   시간별 비교   전체와 부분 비교

- 전체와 부분 비교 : 원그래프, 띠그래프
- 관계 파악 : 산점도

주제	분석 방법
사과 당도에 따라 좋아하는 사과가 남녀별로 차이가 날까?	• 남녀별로 좋아하는 사과 당도의 막대그래프를 그려서 비교한다. • 남녀별로 좋아하는 당도의 평균값을 구한다.
사과 당도가 지역별 과수원에 따라 차이가 날까?	• 지역별로 사과 당도의 막대그래프를 그려서 비교한다. • 지역별로 당도의 평균값을 구한다.
사과 당도에 따라 좋아하는 사과가 연령별로는 차이가 날까?	• 연령별로 좋아하는 사과 당도의 막대그래프를 그려서 비교한다. • 연령별로 좋아하는 당도의 평균값을 구한다.
사과 당도가 매년 어떻게 변하고 있을까?	• 시간별로 사과 당도가 어떻게 변하는지 꺾은선그래프를 그려서 비교한다. • 연도별로 당도의 평균값을 구한다.
우리 지역에서 생산된 사과 중에서 당도 50을 넘는 사과는 얼마나 될까?	• 지역에서 생산된 사과 중에서 당도 50이 넘는 사과의 비중이 어느 정도 차지하는지 원그래프를 그린다. • 비율값을 구한다.
여름 평균 온도가 사과 당도에 얼마나 영향을 줄까?	• 여름 평균 기온과 그해 생산된 사과의 평균 당도에 대한 상관도를 그린다.

명탐정 홈스가 되자

명탐정 홈스의 매력은 무엇일까요. 홈스의 매력은 사람을 보고 그의 직업이나 특징을 단박에 알아내는 추리력에 있습니다. 홈스의 추리 방법은 소설 곳곳에 나타나 있습니다. 『네 개의 서명』에서 보면 홈스가 시계를 보고 그 사람의 성격이나 생활 방식에 대해서 정확히 추리하는 내용이 나옵니다. 모두가 같은 사물을 보지만 홈스는 그 안에서 사건의 실마리를 찾아냅니다. 그런 홈스의 활약을 볼 때마다 감탄이 흘러나오곤 합니다.

홈스는 『배스커빌 가의 개』에서 이런 말을 했습니다.

"세상은 눈에 빤히 보이지만 누구도 관찰하지 않는 것들로 가득하다."

평범한 사람들에게 보이지 않는 것들이 왜 홈스에게만 보이는 것일까요? 홈스는 보는 것과 관찰하는 것이 다르다고 말하고 있습니다. 이런 관찰력은 오랜 훈련이나 관심을 통해서 길러질 수 있을 것입니다. 하지만 홈스에게서 바로 배울 수 있는 것이 있습니다. 바로 증

거를 중심으로 생각하는 방법입니다. 홈스의 말을 통해 배워 봅시다.

"나는 결코 추측하지 않는다. 추측은 논리력을 파괴하는 무서운 습관이다."
- 아서 코난 도일, 『네 개의 서명』

"자료를 가지기 전에 이론화하는 것은 큰 실수이다."
"사람들은 사실에 맞추기 위해 이론을 만들기보다는, 이론에 맞추기 위해 사실을 왜곡한다."
- 아서 코난 도일, 『보헤미안의 스캔들』

"논리적인 사람은 바다를 보거나 폭포 소리를 듣지 않고도 한 방울의 물에서 대서양이나 나이아가라 폭포의 가능성을 추리해 낼 수 있다. 인생은 커다란 쇠사슬이기 때문에 그 본성을 알려면 한 개의 고리만 알면 된다."
-아서 코난 도일, 『주홍색 연구』

"데이터, 데이터, 데이터! 진흙이 없으면 벽돌을 만들 수가 없잖아."
- 아서 코난 도일, 『너도밤나무 숲』

앞에서 우리는 알고자 하는 대상을 추정하는 것이 통계의 중요한 기능이라고 하였습니다. 우리가 알고자 하는 대상을 잘 파악하기 위해서는 그 대상이 남긴 흔적을 잡아내는 것이 중요합니다. 이러한 과정은 범인을 추적하는 홈스의 임무 같기도 합니다.

악당이 탈옥을 했습니다. 어디로 갔는지 아무도 알지 못합니다. 악당은 잡히지 않기 위해서 필사적으로 달아나고 있을 것입니다. 만약 여러분이 홈스라면 도망자를 잡기 위해 무엇을 준비하겠습니까?

우리가 원하는 것, 알고 싶은 것은 마치 도망자를 잡는 일과 비슷합니다. 어디로 가면 찾을 수 있는지, 어떻게 찾으러 갈 수 있는지 알 수 없는 경우가 대부분입니다. 많은 영화에서 도망자를 추적하는 장면이 나옵니다. 보안관은 도망자를 잡기 위해서 무엇을 할까요? 맞습니다. 바로 사냥개를 데리고 추적을 합니다. 도망자는 그들만의 독특한 흔적을 남겨 놓습니다. 자신의 체취입니다. 사람은 이 체취를

윌리엄 톰슨과 그가 만든 나침반

"당신이 말하고 있는 것을 측정할 수 있고 또 숫자로 나타낼 수 있다면, 당신은 그것에 대해 무엇인가를 알고 있는 것이다. 그러나 측정할 수 없고 숫자로 나타낼 수 없다면 당신은 당신이 말하고 있는 것을 잘 모르는 것이다. 그것이 지식의 시작일 수도 있지만, 아직 당신의 생각 속에 있을 뿐 과학의 무대로 나아가기에는 부족하다."

- 영국의 물리학자 윌리엄 톰슨

맡지 못하지만, 후각이 예민한 개를 훈련시켜서 도망자를 추적할 수 있습니다. 개의 후각 능력은 인간보다 약 1천 배 발달되어 있어 500미터 떨어진 곳에서도 냄새로 사물을 구별할 수 있습니다. 그러면 우리가 알고 싶은 것은 어떻게 찾을 수 있을까요? 바로 사냥개처럼 체취를 추적하는 것입니다. 그 체취는 측정을 통하여 찾아낼 수 있습니다.

지금 얼마나 더운 것일까, 내 몸무게는 얼마나 나갈까, 나의 키는 큰 편일까…. 우리는 이렇게 궁금한 것들을 측정으로 얻어진 수치를 통해 파악합니다. 이렇게 구체적인 수치로 수량화하면 우리는 현상을 훨씬 이해하기 쉽습니다.

이렇게 수량화하면 객관적으로 파악이 가능하고 상대방에게 말로 설명하는 것보다 오히려 전달이 쉬운 경우가 많습니다. 이렇게 수량화된 수치를 통계적 방법을 통해 분석하면 도망자의 특징을 잡아낼 수가 있습니다.

정보가 주는 오류에 주의하자

홈스처럼 정보를 많이 모으고 그것을 분석하는 것은 알고자 하는 대상의 실체를 파악하는 중요한 방식입니다. 그러나 데이터를 보는 눈을 기르지 못하면 잘못된 판단을 내릴 가능성도 높습니다. 요즘은 인터넷으로 검색만

하면 엄청난 정보를 찾을 수 있습니다. 이런 정보의 과부하가 오히려 판단에 방해가 되는 경우도 많이 발생합니다.

피터 서트클리프는 1975년부터 5년간 열세 명을 살해한 영국의 연쇄살인범입니다. 5년 동안 같은 범행 수법으로 살인을 했지만 경찰은 범인을 잡지 못했습니다. 당시 이 사건의 수사 서류는 산더미처럼 쌓였다고 합니다. 서류의 무게를 감당하기 위해 수사본부의 바닥을 보강해야 한다는 기사가 나올 정도였습니다. 경찰은 20만 명이 넘는 시민들을 일일이 탐문 수색했습니다. 그러나 너무도 많은 자료에서 헤매다 중요한 단서를 잃어버리고 오히려 살인범이 만든 가짜 정보를 믿고 헛수고를 했다고 합니다.

한편 나타난 데이터만 보고 그대로 해석할 경우 우리는 엉뚱한 판단을 할 가능성이 높습니다.

우리나라 속담에 '호랑이에게 물려 가도 정신만 차리면 산다.'는 말이 있습니다. 호랑이에게 물려 간 사람들 중에 살아 돌아온 사람들이 공통적으로 한 말이라고 합니다. 그런데 정신을 차렸는데도 불구하고 죽은 사람은 없을까요? 문제는 죽은 자는 말이 없다는 것입니다. 그러므로 살아 돌아온 사람들의 말을 믿는 것이 과연 타당한가 하는 의문이 생길 수밖에 없습니다. 다시 말해 드러난 데이터에만 의존하지 말고 드러나지 않은 데이터도 의심을 해 보아야 한다는 말입니다.

제2차 세계대전 때 전투를 치르고 돌아온 비행기의 동체에는 총탄 구멍이 나 있었습니다. 군 관계자들은 이 총탄 구멍을 분석해서 가장 총을 많이 맞은 부분에 철갑을 두르는 방향에 대해 검토했다고 합니다. 이 얘기를 들은 통계학자들은 오히려 총탄 구멍이 나지 않은 부분에 철갑을 두르는 것이 낫다고 권고했습니다. 치명적인 부분에 총알을 맞은 비행기는 돌아오지 못할 가능성이 높기 때문입니다. 오히려 총탄 구멍이 많은 곳은 총을 맞아도 비교적 안전한 부분일 가능성이 높습니다. 총에 맞고도 무사히 귀환했기 때문입니다.

4장

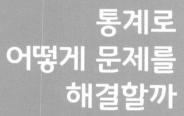

통계로
어떻게 문제를
해결할까

01 ( ) 사람의 생각을 읽는 방법

통계 이야기 절대 들어줄 수 없는 소원

황금나라의 왕이 결혼식을 앞두고 진귀한 보물을 손에 넣었다. 바로 알라딘의 요술램프였다. 왕이 요술램프를 문지르자 정말 램프의 요정 지니가 나타났다. 지니는 나타나자마자 거만하게 턱을 치켜들고 왕을 내려다보았다.

"무엇이 필요하세요? 말만 하세요. 결혼식을 빛내 줄 황금마차, 축가를 불러 줄 앵무새, 아름다운 신혼집, 천국의 정원, 원하시는 것은 모두 드릴 수 있습니다."

왕은 잠시 생각해 보더니 말했다.

"그런 것은 나도 많이 가지고 있어. 그보다 내가 궁금한 게 너무 많아. 이번 결혼식 때 콧수염을 기르는 것이 나을까, 아니면 이렇게 깎는 게 나을까? 파란 옷을 입을까, 아니면 빨간 옷을 입을까? 백성들은 내 결혼식 날 무슨 음식을 먹으면 좋아할까? 만약 이런 것을 미리 알아서 준비하면 백성들이 아주 기뻐할 거야. 그래, 맞아, 내가 원하는 것은 바로 우리 백성들의 생각을 아는 거야."

지니는 이 말을 듣고 코웃음을 쳤다.

"뭐라고요? 백성들의 생각을 알고 싶다고요? 내가 1천 년을 살았지만 그런 것을 요구하는 사람은 없었는데요."

"못하는 건가? 지니는 모든 소원을 다 들어 준다고 알고 있는데 그런 게 아닌 모양이지."

지니는 자존심이 무척 상했다.

"아니, 내가 언제 못 한다고 했나요? 워낙 작은 소원이라서 그렇죠. 어쨌든 문제없어요. 기다려 보세요. 금방 알려 드릴게요. 소원이 너무 간단해서 나오자마자 바로 램프로 들어가야 되겠군요. 세상 구경 좀 하려고 그랬더니."

그런데 며칠 뒤, 살이 쏘옥 빠진 지니가 왕에게 돌아왔다.

"죄송해요. 소원 좀 바꿔 주시면 안 돼요? 정말 더 이상 못 하겠어요."

지니는 그동안 얼마나 고생했는지 서럽게 울기까지 했다.

"사람들의 생각을 어떻게 알까 고민하다가 모든 사람들한테 물어보면 되겠다고 생각했죠. 뭐, 그건 어려운 일이 아니에요. 시간이 걸리긴 하지만요. 그런데 전국을 다 돌고 왔는데 새로 태어난 애도 있고, 여행 갔다가 돌아온 사람도 있더라고요. 그런 것도 별거 아니에요. 내 발이 엄청 빠르거든요. 그런데 실수로 전에 물었던 사람에게 다시 질문을 했는데 대답이 달라요. 그러니까 전에는 분명 왕은 콧수염이 있는 것이 더 멋있고 빨간 옷이 잘 어울린다고 했었거든요. 그런데 다시 물으니 수염이 있으면 깔끔하게 보이지 않는대요. 옷도 파란색이 더 젊어 보여서 좋다

고 하고요. 그렇게 쉽게 생각이 바뀌다니."

지니는 왕이 왜 시시때때로 바뀌는 다른 사람의 생각을 알고 싶어 하는지 궁금했다. 그렇게 다른 사람들의 생각을 알고 이해하는 것이 무슨 도움이 될까? 차라리 그 시간에 자신처럼 황금 모자를 더 멋지게 만들 구상을 한다든가, 사람들이 깜짝 놀랄 멋진 집에 대해 생각하는 것이 훨씬 더 경제적인 게 아닐까? 도대체 사람들의 생각을 알아서 무엇에 쓸까?

사람이나 개미, 벌처럼 무리를 이루고 사는 생물들이 자연계에서 번성하고 있어요. 사회를 이루고 살면 다른 재능을 가진 사람들끼리 서로 돕고 살 수 있죠. 각자 재능에 따라 만든 생산물을 물물교환이나 교역을 통해 원하는 물건으로 바꿀 수가 있어요. 즉 자신이 사냥을 잘한다면 사냥한 짐승의 고기로 옷도 사고, 쌀과 과일을 사서 먹을 수 있는 거죠. 이렇듯 인간의 삶은 경쟁이 아니라 협동이에요. 그러므로 함께 살고 있는 사람들의 생각을 안다는 것은 공통된 목표를 이루기 위해 협력하고 생존해 나가는 중요한 방법인 셈인 거죠.

또 사람은 자신의 의견과 태도를 다른 사람의 생각과 비교하고 대조하려 하는 사회적 욕구를 가지고 있어요. 다른 사람의 태도와 의견, 감정과 비교한 후 자신의 생각에 대해 판단하게 되는 거죠. 어제 옷을 잘못 산 것 같아 후회하고 있는데, 누군가 "그 옷 멋진데 잘 어울려." 하면 정말 그런가 하면서 거울을 한 번 더 보게 되잖아요.

인간은 자신의 생각을 분석하기 위한 판단 기준을 끊임없이 찾고 있다. 객관적인 기준을 찾지 못할 경우 다른 사람을 비교 기준으로 삼아 자신을 평가한다.

- 사회심리학자 레온 페스팅거, 「사회비교 이론」

사람들이 하늘을 쳐다보고 있으면 나도 모르게 사람들이 보는 하늘을 쳐다보게 되죠. 하늘에 분명 무언가 있으니 저렇게 쳐다보고 있을 거란 생각에 그게 무엇인지 궁금해서 보는 것입니다.

아침에 학교에 갈 때 날씨가 흐린데 우산을 가져가야 할지 말지 고민이 되는 경우가 있죠. 이럴 때 현관에서 고개를 내밀고 사람들이 우산을 가지고 다니는지 살펴보지 않나요? 우산을 가지고 가는 사람이 있다면 비가 틀림없이 오겠거니 생각하고 나도 우산을 챙겨 가면 되니까요.

이렇게 사람들은 가족, 친척, 동업자, 친구, 직장동료, 선배, 후배 등 많은 관계 속에서 살고 있어요. 그리고 다른 사람의 행동을 통해 유용한 정보를 얻기도 하고 서로의 생각을 맞추기도 해요. 예를 들어 오늘 저녁에 어디서 무엇을 먹고, 누구를 만날지, 무슨 영화를 볼지, 주말에 어디로 여행 갈지에 대해서 결정할 때는 다른 사람들과 의견을 조정해야 해요. 이렇게 의견을 조정하기 위해서는 내가 생각하는 옳은 답만 주장해서는 안 되고 다른 사람들이 옳다고 생각하는 것에 대해서도 존중해야 해요. 사회생활을 하다 보면 이렇게 다른 사람들의 의견을 고려해서 자신의 생각을 결정할 때가 많아요.

한 사람이 아는 것보다는 여러 사람의 생각과 경험, 지식을 합치면 막강한 지식 토대를 만들 수 있어요. 왜냐하면 세상에는 건축, 의료, 행정, 농업, 과학, 기술 등 많은 분야가 있어서 한 개인이 많은 정보를 가지고 있기는 어려워요. 따라서 개인이 모여 집단을 이루었을 때, 그 집단의 지적 능력은 현명한 한 사람보다 더 옳은 결정을 내릴 가능성이 훨씬 높아져요.

미국에 「백만장자가 되길 원하십니까」라는 TV 퀴즈프로그램이 있어요. 여기서 참가자는 세 가지 찬스를 얻을 수 있는데, 사지선다형 문제 중 두 개를 선택해 그중에서 답을 고를 수 있는 찬스와(답을 맞힐 확률 50%), 자신이 아는 사람에게 전화를 걸어 정답을 물어볼 수 있는 찬스(답을 맞힐 확률 65%), 그리고 마지막으로 방청객들의 의견을 참고할 수가 있어요(답을 맞힐 확률 91%)(출처: 『대중의 지혜』, 랜덤하우스중앙). 1 대 100 퀴즈를 보면서 100명의 답 찬스 때 한번 살펴보세요. 신기하게도 많은 사람이 선택한 것이 정답일 확률이 매우 높아요.

이렇게 전체 사회 안에서 다수 사람들의 생각과 정보를 모아서 추려낸 지식과 통찰력은 개인이나 소규모 집단이 각각 가지고 있는 것보다 더 합리적이고 유용해요. 따라서 사회가 커질수록 지식과 정보의 수준도 높아진다고 할 수 있어요.

사람들의 생각, 여론 조사를 통해 알 수 있다

민주주의 사회는 정부의 의사결정에 사람들이 자신의 의견을 합법적이고 공식적으로 반영시켜 나가는 사회입니다. 대중의 지식과 의견을 활용하여 의사 결정을 수행하는 거죠. 여기서 직면하는 문제는 국민의 뜻을 알 수 있는 방법이 무엇이냐입니다. 집단이나 사회의 모든 사람들의 생각을 알아내어 체계적으로 정리하는 방법이 있어야 하는 거죠. 이 방법이 바로 여론 조사입니다. 여론 조사는 사회 구성원들의 의견과 정보를 걸러서 간추린 지식을 모으고 정리하는 방법을 보여 줍니다. 사람들은 저마다 독특한 개성을 가지고 있지만 한편으로는 다른 수백만 명과 공통적인 성격과 특성, 관심 사항을 가지고 있습니다. 대중 사회에서 여론 조사는 이와 같은 지식을 모을 수 있는 가장 실용적인 방법입니다.

다른 사람의 의견과 생각을 알고자 하는 인간의 이러한 욕구 때문에 신문과 방송에서는 뉴스를 보도할 때 여론 조사를 자주 활용하고 있습니다.

여론 조사를 통해 알고자 하는 대상 집단을 모집단이라고 부릅니다. 우리나라의 모든 사람을 조사하는 인구주택총조사는 한

번 조사할 때 비용이 1,800억 원 정도 소요된다고 합니다. 그러니 조사할 때마다 모집단 전체를 조사하는 것은 거의 불가능하다고 볼 수 있습니다. 그래서 우리는 작은 표본을 통해서 모집단의 특성을 알려고 노력합니다.

건강 검진을 하면 병원에서 주사기로 혈액을 뽑아 검사를 합니다. 그 이유는 적은 양의 피로도 몸 전체 피의 건강 상태를 알기에 충분하기 때문입니다. 국물에 간을 맞출 때 한 숟가락만 떠서 맛을 보거나, 기업에서 사람을 뽑을 때 면접을 보고 그 사람을 평가하는 것도 작은 표본을 통해 알고자 하는 대상의 특징을 파악하는 방법입니다.

그러면 표본은 어떻게 뽑아야 할까요? 표본 추출은 랜덤 추출(무작위 추출)을 해야 한다는 말을 많이 합니다. 이 말은 모집단에 속한 모두가 표본으로 뽑힐 확률이 동일해야 한다는 뜻입니다. 특정 유형이나 조건을 가진 사람이 다른 사람보다 뽑히는 가능성이 더 많으면 안 되고 동일해야 합니다. 그래야만 뽑힌 표본들이 모집단의 특성을 그대로 가질 수 있습니다.

모집단?
표본 추출?
랜덤 추출?

랜덤 추출의 예를 가장 잘 보여주는 것이 바로 복권 추첨입니다. 복권은 당첨 확률이 희박하지만 구매한 모든 사람들이 동등한 당첨 확률

심리를 나타내며 선두에 선 사람을 부각시킴으로써 반대
편에 섰던 유권자나 무관심했던 사람이 그를 지지하도록
만들 수 있습니다.

- 언더독 효과 : 약자에게 쏠리는 관심을 말합니다. 열세에
놓인 후보에 초점을 맞춰 유권자의 연민이나 감성을 촉발
하거나 강자에 대한 견제심에 호소해 지지를 얻어 낼 수
있습니다.

왜 사람들의 생각을 읽는 것이 중요할까요. 사람들의 생각이
같거나 일치하는 경우는 거의 없습니다. 다양한 사람들이 각자 처한
상황이나 보는 관점이 다 다르기 때문입니다. 누군가 지금 대통령이
일을 잘하고 있을까 그렇지 못할까 묻는다면 여러분은 어떻게 말할
수 있을까요? 신문에 대통령 지지율이 71%인 것을 보니 많은 사람들
이 지금 대통령이 하는 일에 지지를 보내는 것 같다고 말할 수 있을
것입니다. 정책의 옳고 그름을 따지는 것보다 많은 사람들의 생각이
이런 것 같다는 한 마디가 더 설득력 있게 느껴집니다.

이번 주말에는 어떤 영화를 볼까 고민할 때 영화 기획자는 '이
런 계절, 이런 시기에는 사람들은 어떤 영화를 많이 찾을 거야.'라고
생각한 뒤 그런 영화를 준비하여 여러분의 선택을 기다립니다.

이렇게 사회생활에서 던져지는 수많은 질문들의 답은 대부
분 사람들의 생각을 읽을 수 있으면 해결할 수 있는 경우가 많습니다.

또 이런 여론 조사가 필요한 이유는 바로 틀림과 다름의 차

이를 알아야 하기 때문입니다. 이런 여론 조사를 통해서 다른 사람들이 나와 다르게 생각한다는 것을 파악할 수가 있기 때문입니다. 사람들은 자신에게 반대하는 사람들을 피하고 자신과 생각이 비슷한 사람들과 이야기하고 사귀고 싶어 합니다. 이는 다른 사람의 의견과 비슷하다는 심리적 편안함을 얻으려는 인간의 기본적인 욕구이죠. 그래서 자신과 의견이 다른 사람을 배척하거나, 서로 통하는 사람끼리만 얘기하는 경우가 많습니다. 여론 조사에 귀 기울이지 않는다면 우리는 늘 듣고 싶은 말만 듣고 만나고 싶은 사람들만 만나게 될 것입니다. 생각의 다름을 인정하는 것이 민주주의 사회를 살아가는 가장 기본적인 생각입니다.

02 사람들이 원하는 것은 무엇일까

통계 이야기 ‧ 행운의 법칙

세상에서 가장 불행하다고 생각하는 남자가 있었다. 그는 행운이 모든 사람에게 공평하게 돌아가는 것이 아니라 특정한 사람에게만 몰린다고 생각했다.

'나는 흙수저다. 드라마 속에 나오는 재벌 2세는 잘생긴 외모에 모든 걸 할 수 있는 재력을 가졌다. 우리 조상님은 왜 건물 하나 사 두지 못하셨을까.'

그러던 중 행운을 관리하는 포튜나 여신을 알게 되었다.

"너무 심한 거 아냐. 봐봐, 누구는 행운을 주면서 왜 나한테는 계속 불행을 주는 건지 모르겠네. 포튜나 여신을 만나서 따져 봐야겠어."

남자는 포튜나 여신을 만나기 위해 매일 아침 기도를 올렸다. 그렇게 한 달이 지나자 포튜나 여신에게서 답이 왔다. 여신은 자신의 집으로 그 남자를 초대했다.

남자가 포튜나 여신을 찾아가자, 포튜나 여신은 넓은 과수원에서 과일 나무에 물을 주고 있었다. 남자는 포튜나 여신을 보자마자 왜 그렇게 행운을 불공평하게 나눠 주는지 따지기 시작했다.

여신은 빙그레 웃으며 말했다.

"여기에서 사람들에게 이 열매를 나눠 주는 것을 도와주실래요. 공평하게 나눠 주실 수 있을 것 같아서 이렇게 초대했답니다."

그날부터 남자는 포튜나 여신의 과수원에서 일을 했다. 포튜나 여신은 행운과 불운의 열매 나무를 관리하고 있었다. 이 열매는 받는 사람에 따라 행운과 불운으로 갈리는 괴상한 열매였다.

열매는 익으면 알아서 떨어졌다. 열매 나무 사이에는 볼링장 옆에 나 있는 홈처럼 구멍이 파여 있었다. 열매는 공처럼 둥글기 때문에 이곳을 통해 물이 흐르듯 어디론가 굴러 가는 것을 볼 수 있었다. 이렇게 굴러 간 열매는 절벽 아래로 떨어졌다.

남자가 과수원에서 하는 일은 열매들이 광장으로 잘 굴러 가도록 하는 일이 전부였다. 간혹 나뭇잎에 걸려 굴러 가지 못하는 경우가 생기기 때문이었다.

절벽 아래는 끝이 보이지 않을 정도로 아주 넓은 광장이 있었다. 특이한 것은 광장의 구멍이 마치 살아 있는 것처럼 열리기도 하고 닫히기도 했다. 포튜나 여신은 광장을 향해 열매 하나를 힘껏 던지며 얘기했다.

"이곳은 소망의 광장입니다. 사람들은 어떤 소망을 가질 때 저 구멍이 열린답니다. 소망의 크기에 따라 구멍의 크기도 넓어지죠. 하지만 아무런 소망을 가지지 못한 사람의 구멍은 저렇게 닫혀 있게 됩니다."

광장으로 떨어진 열매는 마치 탱탱볼처럼 이리저리 튀다가 광장에 뚫려 있는 구멍으로 들어가게 되어 있었다. 마치 복권 추첨기 안에서 공이 막 튀어 다니다가 입구로 나오는 것과 비슷했다. 이렇게 행운과 불운의 열매는 사람들에게 전달되었다.

매일 지켜보았지만 포튜나 여신이 특별히 관여하는 일은 없어 보였다. 열매는 소망의 광장에 떨어져 이리저리 튀다가 어떤 사람의 구멍 안으로 들어갔다. 구멍의 크기에 따라 소망 열매를 받는 갯수는 다르지만 누구에게나 공평하게 배분되고 있었다.

"도대체 모르겠군요. 왜 나에게는 행운이 전혀 오지 않는 것처럼 여겨졌을까요."

포튜나 여신은 미소를 지으며 말했다.

"저것이 당신의 구멍이랍니다. 당신의 구멍은 늘 저렇게 닫혀 있거나 작게 열려 있었습니다. 당신은 언제나 행운의 열매를 원했지만 저 구멍을 키울 열정은 없더군요."

굳게 닫혀 있는 자신의 구멍 앞에서 남자는 아무런 말도 할 수가 없었다.

"이제 이 열매가 어떻게 행운과 불행으로 갈리는지 보러 가실까요."

포튜나 여신은 남자를 이끌고 지하로 내려갔다. 그렇게 각자에게 배당된 열매는 커다란 깔대기 안으로 떨어졌다. 그 모습은 커다란 모래시계 같았다. 작은 모래알갱이들이 떨어져 내려서 쌓여 가듯이 깔대기를 통과한 열매는 산처럼 쌓여 있는 열매 위에 떨어져 내렸다.

"오른쪽으로 많이 흘러갈수록 행운의 크기가 커져요. 반대로 왼쪽으로 많이 굴러 갈수록 불행의 크기가 커진답니다. 보시다시피 난 아무

것도 관여하지 않아요. 자신의 열매가 자리 잡은 위
치에 따라 행운과 불행이 찾아오게 되는 것뿐이
랍니다."
그제야 남자는 고개를 끄덕였다.
"포튜나 여신은 행운의 여신이라기보다는 우연
의 여신이라고 부르는 것이 맞
을 것 같네요. 저 열매가 어
디에 떨어지는지 아무도 관
여할 수가 없는 거군요.
우리가 할 수 있는 것은

데구르르르... 행운

그런 기회의 열매를 더 많이 받아들이기 위해 구멍을 넓혀 두는 것 밖
에 없고요."

　　내가 사회에 나와서 처음으로 구입한 책이 마케팅 관련 책이
었습니다. 학생 시절에는 전혀 관심을 두지 않던 분야였습니다. 기업
에 입사를 하면 가장 관심을 두는 것은 바로 이것입니다.
　　"돈을 얼마나 버는가."
　　기업을 유지하기 위해서도 가정을 이끌어 가기 위해서도 필
요한 것이 바로 돈입니다. 마케팅이란 생산자가 제품이나 서비스를 소
비자에게 유통시키는 활동을 말합니다. 즉, 상품을 만들고 홍보하고
유통시켜서 소비자에게 판매하는 과정을 말합니다. 돈을 얼마나 벌었

느냐는 소비자의 선택을 얼마나 받았느냐를 의미합니다. 어떻게 하면 소비자의 선택을 받을 수 있을까요. 사장이 추운 러시아에 가서 에어컨을 팔고 오라고 얘기한다면 여러분은 직원 학대로 노동부에 신고할지도 모릅니다. 그런데 기업에서는 실제로 러시아에 에어컨을 판매하고 있습니다.

여러분이 회사에 입사를 하는 순간 다음과 같은 질문을 받게 됩니다. 어떻게 하면 소비자가 우리 회사의 제품을 선택하도록 할까? 여러분이라면 어떻게 접근하겠습니까.

추운 나라 러시아에서 에어컨을 팔다

추운 나라인 러시아에 에어컨이 무슨 필요가 있을까요? LG전자는 러시아 소비자의 욕구 조사를 해 본 결과 4~5개월 정도의 여름이 있는 데다, 사람들이 추위에는 강하지만 더위를 잘 참지 못한다는 사실을 알았습니다. 그리고 환절기가 많다는 점에 착안해 난방기를 겸할 수 있는 에어컨을 개발해 제공했습니다. 이렇듯 상식적으로 통하지 않을 것 같지만 소비자의 욕구를 읽어 냄으로서 새로운 시장을 개척할 수 있었습니다.

단서는 데이터에 있다

소비자의 선택을 받기 위해서 알아야 하는 것이 무엇일까요? 바로 소비자가 무엇을 원하는지 알아내는 것입니다. 대부분의 마케팅

책에서 가장 먼저 하는 질문은 '당신의 고객은 누구입니까'입니다. 누가 우리의 고객이고 그 사람들의 특징이 무엇인지 알면 그런 사람들이 주로 어디에 있으며 왜 우리 제품을 구매하는지 알아야 한다고 말합니다. 또 우리 회사의 단골이 누구인지 알아내는 것도 중요합니다. 예전부터 장사를 잘하는 집은 단골이 많습니다. 기업도 마찬가지입니다. 회사 제품에 대한 단골이 많은 기업이 경쟁사보다 우위에 설 수 있습니다. 새로운 고객을 만드는 데 소요되는 비용은 기존 고객을 유지하는 비용의 다섯 배가 든다고 합니다. 또 수익을 분석해 보면 가게

파레토 법칙

이탈리아 경제학자 빌프레도 파레토는 토지의 80%를 20% 인구가 소유하고 있다는 사실을 알아냈습니다. 그리고 이러한 현상이 다른 많은 분야에서도 나타나고 있다는 사실을 알았습니다. 예를 들어 하루 종일 걸려오는 전화의 80%는 20%의 지인으로부터 걸려오고, 20%의 범죄자가 전체 범죄의 80%를 저지르고, 백화점 매출액의 80%는 20%의 단골손님에 의해 발생되고, 기업의 80% 수익은 전체 제품의 20%에 의해서 만들어집니다. 이런 80 대 20 법칙은 대부분의 결과가 소수의 원인에서 일어나고 있음을 보여 줍니다.

습니다. 이런 관계를 파악하면 고객들의 행동을 예상할 수 있기 때문입니다. 마트에 가 보면 이런 관계 분석을 통해 소비자들의 구매를 유도합니다.

　　예를 들어 보통 빵을 사면 우유를 같이 사는 경우가 많습니다. 이런 제품을 파악해서 나란히 놓아 두면 빵을 구매하면서 자연스럽게 우유도 사게 될 가능성이 높습니다. 오늘 마트에 가면 진열된 상품을 잘 관찰해 보십시오. 맥주 옆에는 안주 거리로 좋은 나초, 팝콘이 진열되어 있을 가능성이 높습니다. 캠핑 용품 옆에는 즉석 식품들이 놓여 있고 컵라면 근처에는 김치가 있을 것입니다.

　　보통 마트 입구에는 과일 코너가 자리 잡고 있습니다. 과일의 향긋한 냄새와 밝은 색깔로 고객들의 구매를 자극하기 위해서입니다. 또한 계산을 할 때에는 보통 기다리게 됩니다. 기다리면서 눈으로 보면 먹고 싶고 가격도 저렴해서 장바구니에 집어넣을 가능성이 높기 때문입니다.

　　여러분이 자주 가는 편의점은 이런 통계 분석을 통해 상품을 배열합니다. 편의점에서 가장 많이 찾는 것은 바로 음료입니다. 그래서 음료는 가장 깊숙한 곳에 진열을 합니다. 만약 입구 가까이에 있다면 음료를 집어 들고 바로 계산을 할 것입니다. 그런데 멀리 있으면 걸어가는 도중에 다른 상품을 눈으로 보게 됩니다. 계산하는 곳에는 껌이나 초콜릿 같은 간단한 과자들이 진열되어 있습니다. 눈으로 보면 먹고 싶은 욕구가 생길 가능성이 높기 때문입니다. 입구 쪽에는 추운 날이면 찐빵과 같은 따뜻한 음식을 두고, 비가 오면 우산을 두어서 사람들이 쉽게 구매할 수 있도록 합니다.

편한 자세에서 볼 수 있는 사람 키 높이에 진열된 상품은 신제품이나 잘 팔리는 제품을 진열합니다. 아이들이 많이 오는 매장은 아래쪽에 어린이가 좋아하는 과자나 장난감을 진열합니다. 아이들의 눈높이에 맞춘 판매 전략입니다. 상품 진열은 사람들이 원하는 것을 파악하고 이러한 제품을 쉽게 눈에 보이게 해서 구매를 유도하는 것입니다.

여러분들이 사회에 나가면 어떤 어려운 미션에 직면할지 모릅니다. 두려워 말고 먼저 단서(데이터)를 찾고 그 자료를 분류하여 특징을 파악하고 숨겨진 관계를 찾아낸다면 그 문제를 해결할 수 있을 가능성이 높습니다.

움직이는 욕망을 읽어라

(03)

우리 삶에는 일정한 패턴이 있다

우리의 하루를 생각해 봅시다. 지나온 시간을 되돌려 보면 거의 비슷한 시간대에 동일한 장소에 머물러 있는 것을 알 수 있습니다. 아침에는 비슷한 시간에 학교로 가고, 학교를 마치면 학교 앞 분식집에서 친구들과 얘기하기도 하고 학원이나 집으로 가기도 합니다. 여러분의 생활은 이렇게 하루, 일주일, 한 달, 1년을 단위로 반복적인 생활을 하고 있습니다.

그러다 이런 삶의 반경이 크게 달라지는 시점을 맞이합니다. 바로 대학으로 진학하거나, 직장에 취직을 하거나, 결혼을 하면 새로운 장소로 이동할 것입니다. 이런 삶의 주기를 라이프 사이클이라고 합니다. 라이프 사이클에 따라 사람들은 다양한 욕망이 발생합니다.

기업에서는 사람을 파악할 때 라이프 스타일뿐만 아니라 거주지에도 많은 관심을 기울입니다. 같은 지역에 사는 사람들은 연령대, 가족 구성이나 관심사까지 비슷한 경향이 많습니다. 보통 사람들은 본인의 삶의 성향에 맞게 집의 크기, 가격, 교통, 생활 환경을 고려하여 거주할 집을 선택하는 경향이 높기 때문에 삶의 수준이 비슷합니다. 또 주변 사람들과 알게 되면서 자연스럽게 서로 영향을 주고받습니다. 예를 들어 신도시 아파트에는 젊은 부부들이 많이 살고, 재래주택에는 노년층이 많이 거주하거나 오피스텔, 원룸 등에는 1,2인 가구가 많이 살고 있습니다.

그래서 많은 기업에서는 일정한 지역에 모인 사람들을 비슷한 성향을 가진 사람으로 규정하여 마케팅 활동을 하고 있습니다. 특정 지역에 사는 사람들은 비슷한 종류의 차를 구입하고 생활 방식이나 물건 구매 유형이 비슷하다고 보는 것입니다.

상품도 종류에 따라 구입하는 패턴이 있습니다. 일상 용품은 생활하면서 많이 사용하는 물품으로 구매를 위한 노력이나 비용 부담을 줄이려는 제품입니다. 이런 물건들은 집 근처 가게에서 쉽게 구입하려고 합니다. 슈퍼, 과일 가게, 세탁소, 편의점, 미용실, 배달 전문 음식점, 빵집, 약국 등이 여기에 해당합니다.

이에 반해 선호 상품은 사람들이 여러 점포를 들러 비교하고 검토해서 구매하는 상품입니다. 어머니가 옷을 장만하려면 전문 매장에 가서 이것저것 비교해 보고 구입하죠? 재래시장, 대형마트, 영화관, 병원, 음식점 등이 여기에 해당합니다. 전문 상품에는 상품의 전문성이나 고유성이 있습니다. 그래서 사람들은 일부러 이곳을 찾아가는 수고를 마다하지 않습니다. 유명 맛집, 해외 명품점, 백화점, 전문 병원을 들 수 있습니다.

분류해 보면 특성이 보인다

도시화가 이루어진 현대에서도 명당자리를 찾는 노력이 계속되고 있습니다. 이런 명당자리를 통계를 통해 찾을 수 있습니다. 만약 여러분이 아이스크림 가게를 차려서 사업을 해 보고 싶다면 적당한 장소를 찾아 가게를 열어야 합니다. 어떤 장소에 가게를 여느냐에 따라 찾아오는 손님 수가 다르답니다. 손님이 많이 찾아오는 장소가 바로 명당자리입니다.

그러면 어떤 조건을 갖춘 곳이 명당자리가 되는지 알아봅시다. 가장 먼저 생각해야 할 것은 아이스크림을 자주 사 먹을 수 있는 고객이 누구인지를 파악해야 합니다. 연령, 성별, 직업 등에 대한 파악이 이루어져야 합니다. 다음으로 파악해야 할 것이 지역의 특성입니다. 지역은 어떻게 나누어질 수 있을까요? 먼저 여러분이 사는 지역처럼 아파트나 주택이 밀집되어 있는 곳이 있습니다. 이곳은 주택가로, 주로 가족이 거주하면서 생활을 하는 지역입니다. 또 상점이 많이 모여 있는 지역이 있습니다. 서울의 대표적인 곳이 명동, 대학로, 강남역 주변과 같은 지역이죠. 이곳에서는 퇴근 후나 휴일 때 많은 사람들을 만나고 물건을 구입하기도 합니다. 그리고 아침마다 여러분의 부모님이 출근하는 지역이 있습니다. 이곳은 주로 빌딩이 많고 다양한 회사들이 밀집해 있는 지역이 있습니다. 서울에서 여의도나 삼성역 주변이 대표적인 지역입니다. 이곳은 사업 지역인데, 주로 직장인들이 점심을 먹거나 퇴근 후 모여 간단히 저녁을 먹고 즐기는 일이 많습니다. 그리고 노량진같이 학원이 밀집되어 있는 지역도 있습니다. 이 지역은 중고등학생, 재수생, 대학생이 많습니다. 이렇게 지역적 특성을 파악하면 어떤 사람들이 어떠한 이유로 아이스크림을 구매하게 될지 예상할 수 있습니다. 그리고 상품에 따라 어떤 지역이 적합한지도 판단할 수 있을 것입니다.

관계를 알면 가야 할 방향이 보인다

어느 곳이 좋은 자리인지 알았다면 그다음 우리가 파악해야 하는 것은 고객이 될 사람들이 주변에 얼마나 살고 있는가를 알아야 합니다. 사람이 많을수록 가게로 찾아올 수 있는 잠재 고객이 많으니까요.

이런 지역적 특성이나 주변 인구수를 어떻게 알 수 있을까요? 바로 지역 통계입니다. 통계청이나 시청, 구청 홈페이지에서 기본적으로 행정동 단위로 인구수(연령별), 가구수, 주택수(아파트, 단독주택, 다세대주택수), 업종별 사업체수(상점) 등 다양한 통계를 얻을 수 있습니다. 이런 데이터를 동별로 비교해 보면 각 동이 어떤 특징을 가지고, 얼마나 많은 사람들이 사는지 판단할 수 있습니다.

주민들의 생활 수준을 파악하는 것도 중요합니다. 생활 수준은 소득 수준과 밀접한 관계가 있습니다. 소득이 높을수록 구매력이 그만큼 높기 때문입니다.

또 살펴봐야 할 것은 바로 유동 인구입니다. 유동 인구는 그

가게 앞을 지나다니는 사람 수라고 생각하면 됩니다. 아무리 좋은 지역을 선택했더라도 가게 앞으로 지나다니는 사람이 없다면 찾는 손님은 그만큼 줄어들 것입니다. 물론 배달 중심으로 영업을 하는 상점은 유동 인구에 크게 영향을 받지 않습니다.

유동 인구는 가게 앞에 지나가는 사람 수를 조사해서 알아낼 수 있습니다. 이때 고려해야 할 것은 요일 및 시간에 따라 지나가는 수와 지나가는 사람의 특성(연령, 성별)을 파악해야 합니다. 그리고 중요한 것이 통행 목적입니다. 특수한 목적을 위해 가는 길이라면 주변 상가에 방문할 가능성이 별로 없을 것입니다. 예를 들어 아침 출근길이거나 병원 앞이나 지하철에서 사람들은 주변 환경에 관심을 두기보다는 자신의 목적지로 빨리 가고 싶어 하기 때문입니다. 만약 통행인에 대해 설문 조사를 한다면 성별, 연령, 거주지, 통행 목적 등에 대해서는 꼭 물어봐야 합니다.

이렇게 지역의 특성과 그곳에 있는 사람들이 어떤 관계에 있는지 파악하면 이 지역이 얼마나 명당자리인가 파악할 수 있습니다. 예를 들어 아이스크림 가게를 운영하려고 하는데 노인 인구가 많이 살고 있는 지역이라고 판단되면 좋은 지역이 아닐 것입니다. 이외에도 명당자리를 찾기 위해서 많은 통계 자료를 검토할 수 있습니다.

요즘은 숫자만으로 분석하기보다는 지도와 같은 다양한 시각화 도구를 활용하여 통계 분석을 하고 있습니다. 통계청 SGIS 시스템을 활용하면 지역의 상황을 한번에 살펴볼 수 있습니다.

<명당자리를 찾는 데 활용할 수 있는 통계 자료>

항목	조사 내용
주변 이미지	지역 이미지, 지역 특성
교통	사람들이 통행하면서 자주 눈에 띌 수 있고 편리하게 이용할 수 있는 장소 대중교통 이용 가능성(지하철, 버스), 도로 접근성
인구 · 경제	인구수, 인구 분포(성별, 연령별), 생활 수준 직업 분포, 주택수, 주택 종류(아파트 단독, 다세대), 임대료, 지가
시설	주변에 사람이 모이는 대형마트, 영화관, 백화점이 있는 장소 주요 상업 시설, 관공서, 공원, 숙박 시설
문화, 기타	교육 시설, 문화 시설(극장, 도서관 등), 병원, 유치원, 혐오 시설 등
특성	보행자 수, 보행자 특성
경쟁 · 유사업종	비슷한 업종이나 같은 업종 간의 경쟁이 적은 장소
건물 특징	입주할 건물의 크기와 모양, 시각성

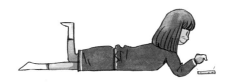

거주자들이 많이 구입하는 상품을 파악하려면

거주하는 사람들의 소비 생활을 알려면 배출하는 쓰레기를 살펴보는 것이 많은 도움이 됩니다. 쓰레기를 살펴보면 구입하는 양, 상품 종류, 브랜드, 구매 가격 등에 대해 어느 정도 파악할 수가 있습니다. 실제로 유통점에서는 쓰레기 배출량을 통해 구매력을 추정하거나 배출되는 종류를 통해 소비자의 성향을 파악하기도 합니다.

04 미래를 알면 돈이 보인다

통계의 가장 큰 목적은 불확실한 상황에서 예측해 보는 것이라고 할 수 있습니다. 『손자병법』에 "적을 알고 나를 알면 백 번 싸워도 백 번 이긴다."라는 말이 있습니다. 이 말은 바로 적을 알고 나를 알면 싸움의 진행 방향을 예측할 수 있다는 말입니다. 예측할 수 있다면 미리 예방책을 마련할 수 있으므로 유리한 위치에 서게 되는 것입니다. 『삼국지』를 읽어 보면 적장의 성격이나 책사의 능력을 보고 미리 예측하여 싸움에 임하는 장면이 많습니다.

오늘날 대부분의 기업들은 다양한 통계 정보를 활용하여 미래를 정확히 예측하기 위해 노력하고 있습니다. 그중에서 여러분들이 가장 이해하기 쉬운 예가 바로 날씨 통계를 활용하는 것입니다. 날씨 통계는 우리들도 매일 확인하는 통계입니다. 그만큼 우리들 삶에 많은 영향을 끼치기 때문입니다. 날씨 예측과 활용 사례는 예측을 어떻게 하고 그 정보를 어떻게 활용해야 하는가 알 수 있는 좋은 예입니다.

날씨는 어떻게 예측할까

사람들은 날씨를 알기 위해서 아주 많은 노력을 기울여 왔습니다. 왜냐하면 가뭄이 들거나 홍수가 나면 그해 농사를 망쳐서 많은 사람들이 굶주려야 했거든요. 예전에는 비가 내리지 않아 가뭄이 들면 기우제를 지냈습니다. 인디언들이 기우제를 지내면 비가 꼭 왔다고 합니다. 그 비법이 궁금한가요? 그 방법은 아주 간단합니다. 바로 비가 내릴 때까지 기우제를 계속 지내는 것입니다.

날씨에 대해서 알려는 노력은 아주 오래전부터 시작되었습니다. 고대 이집트는 날씨에 대해서 구전으로 내려오고 경험한 것들을 모아 체계화하려고 노력했습니다. 고대 그리스 문명에서는 기원전 500년부터 강수 현상에 대해서 관측한 것을 기록했다고 합니다.

날씨 예측은 날씨 상황을 관측하여 기록하고, 그 기록 속에서 일정한 패턴을 찾아내는 통계의 과정이라고 할 수 있습니다. 현재 우리나라는 576여 개소에서 기온, 습도, 강수량, 바람, 기압 등을 자동 기상 관측 장비를 이용하여 1분 간격으로 관측하고 있습니다. 이런 지상 관측뿐만 아니라 항공기에서 상층 대기의 상태를 관측하고, 해양에서 선박에 관측 시설을 설치하거나 해상에 부이(buoy–물속에 띄우는 부표)를 설치하여 관측하기도 합니다. 그리고 기상 관측 위성을 통해서도 관측하고 있습니다. 이런 자료를 바탕으로 과거 어느 시기에 특정 기상 조건을 초래했던 특성과 매우 유사함을 통해 예측하거나 날씨 변화의 패턴을 통해 추정할 수 있습니다.

기상청에서는 19종의 수치 모델들이 하루 100여 회 수행되고 있다고 합니다. 이 수치 모델들은 하루에 약 1.6TB의 데이터를 생산하고 동시에 약 8만 5천 장이 넘는 분석 및 예상 일기도를 생산하고 있습니다. 기상청은 이런 절차를 통해 날씨를 예측하고 있습니다.

빵집의 날씨 정보 활용

빵집에서 판매 데이터를 분석한 결과 날씨에 따라 선호하는 빵이 다르다는 사실을 알아냈다고 합니다. 기온과 습도가 모두 높은 날씨에는 가볍고 신선한 맛의 식빵과 샌드위치, 빙수, 음료를 찾는 손님이 늘어난다고 합니다. 반면에 달콤하면서도 느끼한 맛의 도넛과 케이크는 최대 25%가량 판매량이 떨어진다고 합니다. 또 비가 내리는 날에는 피자빵, 고로케 같은 기름기 많은 빵이나 소세지빵 같은 조리빵을 찾는 사람이 늘어난답니다.

추운 날 생각나는 호빵에도 비밀이 있습니다. 초겨울 기온이 1도 떨어지면 호빵 판매량은 6만 개가 늘어난다고 합니다. 하지만 최저 기온이 영하 1도 아래로 떨어지면 판매량은 줄어든다고 합니다. 너무 추워도 호빵이 팔리지 않는다고 합니다.

김밥집의 날씨 정보 활용

날씨가 화창한 날은 야채김밥, 소고기김밥을 많이 준비하고, 비가 예상되는 날에는 족발김밥과 치즈김밥, 참치김밥, 매콤한 멸치김밥을 더 만들어 둔다고 합니다. 날씨에 따라 먹고 싶은 것이 달라지기 때문입니다. 비 오는 날에는 매콤하거나 기름진 김밥이 더 먹고 싶어 진다고 합니다. 김밥은 낮 최고 기온이 15도를 넘어가면서 매출이 늘기 시작하고, 30도를 넘어가면 매출이 줄어든다고 합니다.

중국집의 날씨 정보 활용

이러한 것은 중국집도 마찬가지입니다. 비 예보가 있으면 중국집에서는 재료를 더 준비한다고 합니다. 비가 오면 배달 주문이 늘기 때문입니다.

편의점의 날씨 정보 활용

편의점은 매일 아침 그날의 날씨를 확인한 후 들여놓는 제품을 달리한다고 합니다. 예를 들어 비가 오는 날은 도시락, 김밥, 아이스크림을 줄이고 대신 우산, 밀가루 등을 더 준비합니다. 그리고 더울 땐 아이스크림과 시원한 음료를 추울 땐 호빵과 초콜릿 등의 주문을 대폭 늘립니다. 날씨에 따라 어떤 제품이 얼마나 팔릴지 미리 예측하면 상품이 부족해서 팔지 못하거나 재고가 발생해 폐기처분하는 것을 막을 수 있습니다.

상품 진열도 날씨에 따라 달라집니다. 나들이객이 많은 맑은 날씨에는 즉석밥과 라면 등을 잘 보이게 하고 더운 날에는 아이스커피를 눈에 가장 잘 띄게 하고, 장마철에는 우산을 입구 바로 옆에 진열합니다. 폭우가 쏟아지면 우산이, 가랑비가 내리면 신문이 꽤 잘 팔린다고 합니다. 지하철역까지 머리를 가리고 달려가는 데는 신문 한 부면 충분하기 때문입니다.

영화관의 날씨 정보 활용

영화관도 날씨 정보를 활용한다고 합니다. 영화관은 맑은 날보다 비 오는 날, 비 오는 날보다 비가 올 듯 말 듯한 날씨에 관객이 몰립니다. 맑은 날은 야외로 나가는 사람이 많고, 비가 오면 야외 활동을 아예 하지 않고, 흐린 날에는 어디 갈 데 없나 하고 고민하다가 극장을 찾는 이들이 많기 때문입니다.

화장품 업체의 날씨 정보 활용

화장품 업체도 날씨 정보를 활용합니다. 계절별, 월별 피부 변화를 데이터화하여 피부 상태와 날씨가 매우 밀접한 관계라는 것을 밝혀냈습니다. 이들은 피부가 상하거나 노화되는 것을 촉진하는 가장 큰 요인이 '자외선', '건조', '오존'이며 따라서 피부 건강을 지키려면 날씨 변화에 맞춰 적절한 화장품을 써야 한다고 추천하고 있습니다. 업체는 피부 예보를 개발하여 제공하고 있는데, 피부 예보는 날씨 정보와 대기오염 상태에 따라 피부의 상태를 건조 지수, 번들거림 지수, 자극 지수, 오염 지수, 민감 지수로 구성하고 있습니다.

마트의 날씨 정보 활용

다양한 상품을 판매하는 마트에서는 기온에 따라 상품 구성을 달리하고 있습니다. 수박, 에어컨은 25도가 되면 매출이 본격적으로 상승하고, 수박은 29도, 에어컨은 30도가 되면 매출이 최고점에 이르게 됩니다.

소주는 기온대가 6~10도인 늦가을에서 초겨울 사이에 가장 많이 팔리고, 양주는 0~5도일 때 잘 팔리며, 맥주는 평균 기온이 22도를 넘는 7월 말부터 8월 중순에 가장 많이 팔린다고 합니다. 반면에 신선도가 생명인 우유나 유제품인 경우 기온이 상승할수록 판매가 줄어든다고 합니다.

여름철 온도가 1도 상승할 때마다 음료수의 판매량이 8.4% 증가하며, 아이스크림은 기온이 20도가 넘으면 급격한 매출 증가를 보이고, 기온이 25도에서 30도로 올라갈 때 매출이 무려 50% 가량 증가한다고 합니다. 30도가 넘으면 겨울철 판매량의 3.7배 가량 높아집니다. 그러나 35도가 넘으면 판매량이 감소합니다. 31~33도일 때 아이스크림이 가장 잘 팔린답니다. 늦가을 아침 기온이 5도까지 내려가면 어묵과 핫바를 많이 찾습니다.

날씨에 따라 가격을 자동으로 조정하여 판매하는 자판기

외국에는 온도에 따라 자동으로 제품의 가격을 조절하는 자판기가 있다고 합니다. 야외 자판기에서 판매하는 콜라 가격을 자판기에 설치한 기온을 감지하는 침과 센서를 통해 조절합니다. 사람들의 구매 심리가 높은 온도에서는 표준 가격보다 가격을 높게 설정하고, 추운 날에는 가격을 낮게 설정합니다. 기온에 맞게 콜라 가격이 자동적으로 조절되는 것이지요. 또한 외부 온도에 따라 자판기 내 음료수 온도도 자동으로 조절할 수 있습니다. 분석에 따르면 콜라는 기온이 섭씨 25도를 넘으면 매출이 급증하고, 1도가 올라갈 때마다 15% 가량 판매량이 증가한다고 합니다.

이외에도 많은 기업이 날씨 정보를 활용하고 있습니다. 의류 업체는 날씨에 따라 방한 용품과 여름 상품의 생산을 조정하고 있고, 조선업에서는 날씨에 따라 배 도장 작업 스케줄을 조정하고 있고, 전자제품 업체는 해마다 배추와 무 수확 시기와 지역별 김장 시즌까지 고려해 김치냉장고 판매 전략을 짭니다.

날씨 정보는 우리가 미래를 알기 위해 노력하는 하나의 예에 불과합니다. 산업, 사회, 경제, 의료 분야에서 데이터를 활용하여 보다 현명한 판단을 하려고 노력하고 있습니다.

에필로그 모든 생각은 연결되어 있다

"진정한 발견의 여정은 새로운 풍경을 찾아다니는 것이 아니라 눈을 새롭게 하는 데 있다." - 마르셀 프루스트

오래전부터 화가나 시인, 철학자, 과학자, 수학자, 사회학자, 역사학자, 경제학자들은 세상을 이해하기 위해서 노력해 왔습니다. 그들이 알아낸 지식의 결과를 우리는 지금 공부하고 있습니다. 하지만 미래 사회에는 더 많은 지식들이 쏟아져 나올 것입니다. 세상을 이해하기 위한 노력은 인류가 시작되면서 지금까지 해 왔고 미래에도 계속될 것입니다. 뉴턴은 "거인의 어깨 위에 올라선 난쟁이는 거인보다 더 멀리 본다."는 말을 남겼습니다. 이 말대로 하자면, 지금의 지식들을 바탕으로 해야 우리는 미래를 볼 수 있는 것입니다.

여러분들이 살아가게 될 미래는 데이터로 가득 채워진 세상이 될 것입니다. 따라서 뉴턴이 말한 '거인'이 '빅데이터'가 될 것이라고 생각합니다. 빅데이터는 엄청난 양의 데이터를 처리 및 가공하는 기술을 확보하면서 생겨난 개념입니다. 사람들의 생각과 행동에 대한 흔적들이 데이

터로 남겨진 것입니다. 이런 데이터를 잘 분석하고 바람직하게 활용하기 위해서는 사람에 대한 이해와 세상에 숨겨진 단서를 보는 눈, 데이터를 다룰 수 있는 기술이 필요합니다.

프랑스의 유명한 작가인 마르셀 프루스트는 '진정한 발견은 새로운 풍경이 아니라 눈을 새롭게 하는 것'이라고 말했습니다. 그러면 눈이 새로워진다는 것은 무엇일까요.

머리말에서 언급한 스케이트보드를 예로 들어 보겠습니다. 스케이트보드를 타는 많은 사람들이 해 보고 싶은 기술이 바로 '알리'라고 부르는 점프입니다. 이 기술을 익히기 위해 발 자세를 잡고 뛰어 보지만 중심조차 잡기 힘듭니다. 매일 그 기술을 터득하기 위해 연습하지만 쉽지가 않습니다. 누구는 몇 달 만에 되지만 누구는 몇 년을 해도 어려운 기술입니다. 그래서 포기를 많이 하곤 합니다. 그럴 때 필요한 것은 잠시 알리를 내려놓고 다른 기술을 연습하는 것입니다.

왜 그럴까요? 알리라는 기술을 구현하기 위해서는 여러 능력이 어느 수준으로 올라와야 합니다. 균형감, 근력, 순발력, 점프력 등 이런 조건이 갖춰지지 않은 상태에서 알리 기술을 시도해 본다 한들 성공하는 것이 어렵습니다. 저도 2년 동안 여러 번 시도했지만 스케이트보드 위에서 단순한 점프조차 하기 힘들었습니다. 그러다 어느 순간 점프가 되는 나 자신을 발견했습니다.

이처럼 통계를 통해 세상을 새롭게 보는 것은 스케이트보드의 알리 기술을 구현하는 것과 같습니다. 다양한 경험과 지식이 밑받침이 되어야만 그 숫자의 의미를 다르게 볼 수 있습니다. 왜냐하면 통계 자료는 복잡한 숫자의 나열이나 딱딱한 도표가 아니라 생동감이 넘치는 삶의 또 다른 면이기 때문입니다.

미술 관련 도서에서 이런 문장을 읽은 적이 있습니다.
'그림은 보이지 않는 것을 보이게 한다.'
이 한 문장을 통해 나는 통계를 새롭게 이해할 수 있었습니다. 세상을 바라보는 통계 분석자의 눈은 화가나 시인, 철학자의 눈과 다르지 않다고 생각합니다. 화가는 빛을 통해 세상을 보고 통계 분석자는 숫자를 통해 세상을 봅니다. 철학자는 세상을 이해하기 위해 생각의 부스러기를 모으고 통계 분석자는 세상을 이해하기 위해 데이터를 수집합니다. 시인은 언어를 통해 사물의 본질을 묘사하고 통계 분석자는 데이터 분석을 통해 사물의 본질을 나타냅니다. 이렇듯 표현의 결과는 다르지만 생각의 과정은 비슷합니다. 통계는 철학, 그림, 시와 같이 세상을 이해하고 지식을 만드는 도구인 것입니다.

여러분이 사회에 나가는 10년 뒤에 사회에서 어떤 문제에 직면하게 될지 아무도 모릅니다. 분명한 것은 여러분이 고민하고 알고 싶은 것들이 엄청나게 쌓여 있는 그 데이터 속에 들어 있을 가능성이 많다는 것입니다. 그래서 그 안에서 정보를 얻기 위해서는 데이터를 이해하고 다루는 능력이 필요합니다.
위대한 화가도 처음에 데생부터 연습하고 누군가의 그림을 보고 감탄

했듯이 이 책이 통계를 이해하는 수업의 첫 시간이 되기를 바라며 이를 통해 여러분의 생각의 지평이 가로세로로 훨씬 더 확장되기를 바랍니다.

청소년을 위한 통계 이야기

통계랑 내 인생이
무슨 상관이라고

초판 1쇄 2018년 7월 19일
초판 3쇄 2020년 2월 25일
글쓴이 김영진
그린이 송진욱
펴낸이 권경미
펴낸곳 도서출판 책숲
출판등록 제2011 – 000083호
주소 서울시 용산구 후암로 40길 2
전화 070 – 8702 – 3368
팩스 02 – 318 – 1125

ISBN 979–11–86342–16–9 43410

이 도서의 국립중앙도서관 출판시도서목록(CIP)은 서지정보유통지원시스템
홈페이지(http://seoji.nl.go.kr)와 국가자료공동목록시스템(http://www.nl.go.kr/kolisnet)에서
이용하실 수 있습니다.(CIP제어번호: CIP2018019838)